FONG'S
VEGE
TABLE

田定豐、廖宏杰——著

豐蔬食

超過200道你不知道的人氣蔬食料理推薦！

U0032357

目錄
Contents

寫在本書之前

　　「你什麼時候開始吃素的？」這是我最常被問到的一個問題。而每當我被問及這個問題時，我都會想起二十多年前，那段黑色的日子。但我並不害怕想起那段日子，就是因為有那些經歷，我轉而開始吃素，成就了現在的我——一個更好版本的自己。

　　我一直是一個追求自由的人，尤其是在志得意滿的二、三十歲的時期，從來不曾被任何框架限制住。一直到三十三歲那一年，我從高處跌落無底深淵，從一個人人吹捧的流行樂界金童，落魄到一無所有。在二十世紀末，MP3 出現大為衝擊流行音樂界。與此同時，大型國際集團積極整併台灣本土唱片公司：上華唱片被台灣寶麗金唱片買下；寶麗金母公司併入西格集團（Seagram）下的環球音樂。台灣寶麗金和台灣環球遲早會走向整合。當時候我有自己的公司「種子音樂」。台灣寶麗金的老闆找上我，希望我可以去管理上華唱片。因為世界六大唱片集團之一就是寶麗金，若投身其中，勢必開展我的視野，當時我認為機會難得，於是我收掉我的公司種子音樂。

　　沒想到進入上華後，美好想像都落空，以為可以擴大的格局、期待都成了泡影。我一念之差結束種子音樂，投身陌生領域，繼而遭逢市場景氣不佳，我不得不裁員、解除歌手合約、刪減大量預算……，最後我自己被迫離開公司，黯然離開唱片業。

　　然而在他人的眼裡，我一直是只能成功不能失敗的一個人，所以我開始拿畢生積蓄亂投資，希冀東山再起。當時在朋友的邀約下，我入股了一家 PUB。一開始成績還不錯，但生意紅了，是非就多了。那時候除了要應付警察局、交通大隊、消防隊，更別提還要打點黑道，不然時常現身關切，生意也別想做。外表風光看起來賺

錢的 PUB，其實賠得很慘。我之前的積蓄，想當然都賠光了。

工作沒了，存款所剩無幾，在無計可施又拉不下臉向人求助的情況下，有半年的時間，我過著逃避現實、醉生夢死的生活，靠著服用安眠藥才能入睡。在外面還要勉強自己表現出「我過得很好」的假象，每天跟朋友到夜店報到。那真是一段黑色的歲月，在聲色犬馬裡放逐自己，雖然我心裡知道那不是我要的生活，但我無力逃脫，因為只要人一清醒，現實就在面前，失業、債務、自我否定……行屍走肉可說是我當時的寫照。

有一天晚上我又在夜店，有個人拿了個說是好玩的東西，要我跟我的朋友含在嘴裡，朋友一放進嘴裡感覺麻麻地就吐了出來，我並不知道那是什麼東西，便傻傻地吞進了肚子裡。沒過多久，我發現身邊的人看起來像王家衛的電影一樣詭異幻變，我心想完了，便要朋友扶我回包廂去，當我一感覺到安心點了，便立即昏死過去。那一天，我經歷了此生最奇異的瀕死時刻。當時，我感覺到靈魂似乎慢慢從肉身剝離，雖然聽得到周遭人說話的聲音，但我完全沒有辦法回應。我感覺自己很輕，漸漸地往上飄，緩慢地漂浮在另一個空間看此刻發生的事情，然後就看到夜店裡，杯觥交錯、肉慾橫流，彷彿地獄裡的場景；而在半空中的我，感覺自己一直被往下拉，我非常非常害怕，覺得自己好像就要墜入地獄裡。我死命掙扎，不斷地告訴自己：「我不要！」，張開口卻聽不到自己聲音，周遭的人也沒發現我，那時候真的以為自己要死掉了。

後來我的頂上出現了一道光，那飄浮空中的意識很自然地想往光的方向，但下面地獄的吸力強大，讓這風一吹就會掉落的自己，處在不斷上下拉扯的痛苦狀態中。第二天，我在家裡醒來，已經是傍晚時分，身體像是剛經歷一場大手術一樣非常虛弱，「我不是已經死掉了嗎？」，「我為什麼會活過來？」當時我的腦子充滿了疑惑，內心好像被掏空一般。

我想著，醒過來了，現在該怎麼辦？我想起那道光，腦子一片空白，內心思緒卻紛亂。就這樣徬徨了幾天，就想到去龍山寺拜一拜、安一安心神好了！拜完我就在廟中閒逛，在不經意下翻開了《佛說阿彌陀經》，我一看，書中描述的西方世界和阿彌陀佛的形象，竟然都跟我在瀕死中看到的場景一模一樣，這時我覺得這本書

就像給我帶來了訊息——它告訴我，是阿彌陀佛要救我。那道光，就是阿彌陀佛。

我已經有半年的時間，每一天都過著窗簾緊閉，一次要吃七八顆安眠藥才能入睡的日子。好幾次還想著乾脆整罐都吞進去算了，不想要看到明天的太陽，就這麼一睡不醒。我本來不想要救自己，我也不想看醫生，但發生那件事，我突然意識到連阿彌陀佛都來救我，我為什麼要放棄？我為什麼不救自己？我的腦子開始不停地想，救救自己吧！可是應該要從哪裡開始？我唯一會做的就是音樂，但是唱片界不會有我的位置，我沒有地方可以去啊……但無論如何我要開始救我自己。

我渴望讓我的人生從頭開始，我不想再回去夜夜笙歌的糜爛生活。救我自己，是一個念頭，但是，光這樣想不夠，我總得做什麼才行。我的身體、心理在那幾年一直都很虛弱，而且是每況愈下，體重只剩 50 公斤不到，兩頰凹陷，頭皮出現一個個落髮的圓形禿，整個人形銷骨立，看著鏡中的自己，彷彿就只剩下那一口活著的氣！

然後我開始思考，要不要從一個有儀式感的東西開始，去制約自己。過去的我太放縱了，既然阿彌陀佛要救我，我也沒理由放棄。所以我告訴自己——從吃素開始好了。「你什麼時候開始吃素的？」這是我最常被問到的一個問題。素食也是那道光，照亮了我過去的黑暗，也照亮我的未來。

吃素不是條件交換

我很喜歡閱讀，也習慣去刨根究柢，經歷過瀕死的感受後，我對佛教經典產生了興趣，也去找一些典籍來讀，因此了解什麼是「菩提心」。從我決定吃素的那一刻起，也開始注意到我的內在深處，才發現，吃素可以讓自己的「心」跟芸芸眾生的「苦」連結。

我死過一次，我跟死亡是如此靠近，然後我再去思考「什麼是眾生」，是不是也是我們餐桌上的雞、鴨、豬、牛，和那些魚蝦海鮮……，牠們被宰殺時充滿恐懼、痛苦至極，牠們大聲呼救，如同我當年昏死過去時的死命掙扎，跟我不想離開這世界的感受是一模一樣的。當我開始想著：「牠們跟我一樣」，那就是菩提心開始運作的時候。

我們的世界本來就是一個食物鏈，我們為了活下去而殺生。但是我們並非一定要吃那些動物才能活著，不是嗎？我問自己，能夠做到這件事情嗎？然而，並不是因為我的菩提心，我開始吃素了，我的人生馬上變好了，不是這樣的。很多人發願吃素，希望命運可以改變，願望會實現，吃素不是條件交換，那不會久，也不會好。

事實上，當我們以為自己已經在低谷了，我們鼓起勇氣站了起來，然而更殘酷的考驗，往往接踵而來。當年，一籌莫展的我不願意再待在台灣，就怕被周遭的人看見我窮途潦倒的模樣，於是我鼓起了勇氣，將自己真實的狀況告訴一個在大陸做家具的朋友，他便邀請我一起去了深圳。我在東莞策劃家具展，從零開始學習家具的製作，以及家具的佈展。然而，第一個月過去了，我發現我沒有薪水；到第二個月我還是沒有薪水；一直到第三個月了，我放下自尊問我的朋友，朋友卻這樣對我說：「我供你吃住，你怎麼可以跟我要求薪水。」這樣的回答深深地打擊了我，我以為我拉到一條救命繩，但實際上是繩子綁了石頭，讓我沉沒更深，對人性徹底失望，這使我感到痛苦不已。

那一天，我走在深圳的馬路上一直想著，我以為阿彌陀佛要救我，其實並沒有，我反而更加痛苦。我在陌生的街頭痛哭不已，那是我人生第一次面對我自己。就在此時，我的手機響起來了，我一看來電顯示，是我的母親。我不敢接母親的電話，但是她就是不放棄地一直響，我還是不敢接。這三個月我都沒有打電話回家，覺得自己很丟臉，我的人生都活到三十幾歲了，怎麼還能讓母親擔心。

「阿豐啊，你怎麼這麼久都沒有消息，最近到底好不好啊？」後來我還是接聽了，媽媽熟悉溫暖的聲音，我一聽情緒就潰堤。電話那頭的她問：「你過得好不好？」我要怎麼跟她說？說我過得很不好？我說不出口。於是電話這一頭的我沉默著，她也沒有再說一句話，我們就這樣拿著電話靜默，感覺像是過了一世紀那麼久。後來她終於出聲了，她說：「這個世界沒有人相信你，還有我相信你。」我聽完這句話，就把那電話掛了，我獨自一人蹲在街邊痛哭失聲。我的人生到底為什麼會走到這一步？我到底做錯了什麼？我一直反覆地問自己，一直痛哭著。奇妙的是，經過這一場痛哭，我腦袋開始想：「我到底在逃避什麼？」這個聲音是如此清楚──我為什麼在逃避？

如果我人生的第一個夢想是做音樂，而且我曾經做得很好，那我為什麼要因為一次的失敗就逃避它？如果有一天我有能力，我真的要離開音樂這個產業時，我不是應該在最輝煌的時候離開嗎？而不是像現在這樣一蹶不振，黯然離場。念頭一起，另一個疑問接踵而來，一無所有的我要怎麼樣才能再回去音樂產業呢？然後我想到了，我還有一個朋友在北京，同時我的內心開始有一個新的事業藍圖，當開始思考這件事時，我一無所有、身無分文。然而我還是決定去了北京，又再度寄人籬下。

人真正該做的，是把自己過好

當年在北京時我遇到了一位師父，人家跟我說他是一位活佛，不知為何我很快就敞開了心跟他講述我的背景，跟我過去的痛苦的經歷。他聽完後便說：「你要不要去我的寺廟？」我那時無念無想的，就真的跟著他去了，雖然我不知道去了那裡要做什麼。他的寺廟在西寧附近的鄉下，我從西寧搭巴士一路顛簸了三個小時才到達。很有意思的是，我在寺廟裡每天就過著砍柴、燒柴、煮水這樣的日子。在此之前，這樣的日常我連見都沒見過，也沒想過。其他時間我就坐在寺廟的屋頂，看著那一望無際的草原與天空。我跟著師父念經，師父修行念經時坐在他旁邊聽，這是我第一次接觸佛教。

我的心在數日後慢慢地沉澱下來。就這樣一天過去了，兩天、三天過去了，我開始想：「我好像可以回到音樂產業『做不一樣的事』了」。兩個禮拜以後，我再度回到北京，開始積極地去了解、連結大陸的產業，與在地的人交流經驗。我寫了一些企劃案，到處跟別人討論，並且做出了一套商業模式。這時終於又迎來新的契機，我遇到了一位背景很好的高官說要幫我牽線、幫我找資源，還在上海找來新加坡淡馬錫控股投資（TemasekHoldingsPrivateLimited）的人跟我開會，討論如何幫助我成立公司。我滿懷著希望，對方也一再保證成功機會很大，要我留在上海等消息，然而一天天過去，事實上我被當成了陪著高官去認識朋友、去應酬的人脈而已，我再一次萬念俱灰。

我是一個很重視朋友的人，在我成功的時候身邊總是圍繞著一群人，而在失意時，打腫臉充胖子的我，身邊還是有一群人，我一直很依賴這樣的光環。但當我徹

底失敗的時候，身邊卻連一個朋友都沒有。過去，朋友總是我的第一順位，是最重要的。後來我看清了，也看透了，生命中很多人會來，很多人會走，來去是隨順因緣的，是有因果關係的。因緣來時，我真誠對待；當因緣走了，我也不悲傷。後來，我終於學會，過去的我會那樣看重朋友，以至於受到的背叛與傷害，真正追究起來是自己太害怕孤單，是我沒辦法面對孤獨。

事實上，當我們的內心夠強大，我們就會接受「我終究是一個人」，我們該把自己真正擺到第一順位。因為，把希望寄託在別人身上，我們永遠都會失望。我們真正該做的，是把自己過好，才有能力照顧別人，只要不對人抱持過多期望，不要求回報，我們就不會重蹈失望了。

因此，我也領悟到，在哪裡跌倒就要從哪裡爬起來，我下定決心帶著這個商業模式回台灣，而幸運之神也真的降臨，一個過去並沒有很親近的朋友二話不說就給了我初期的資金。我在仁愛路租了一個小辦公室，組了一個三人的小公司從頭來過，「種子音樂」就是這樣發芽、生根，以及成長茁壯。我後來實現了自我期許，之後又過了十多年，在我最高峰的時候，做了整整二十三年的音樂以後，風光退出了做音樂的舞台。

當我們看見了框架，就無處不自在

認識師父，接觸信仰，我開始吃嚴格素，雖然沒有人要求我，我就是自己要求自己，理所當然遵照佛教規範。所謂嚴格素，就是連蛋、奶，蔥、蒜（大蒜）、韭菜、薤（小蒜）、興蕖（洋蔥）等五辛都不吃。剛開始吃素的頭兩三年，我是吃嚴格素的。那個時候吃嚴格素是一件很困難的事，每一餐並沒有太多選擇，我吃的食物無論是味道或種類都太單一，所以就覺得不美味。我總是去所謂的素食餐廳、素食自助餐店吃飯，一直感覺吃的那些菜色沒有什麼變化。相信這也是許多人接觸素食時，對素食的刻板印象。

然而有一天，我看到達賴喇嘛的演講影片，他講到真正的佛教徒並不是把自己「制約」成佛教徒，並非用戒律制約才成為佛教徒。有意思的是，後來我又看到法鼓山的聖嚴法師也在講同樣一件事。聖嚴法師說，真正的佛教徒，最重要的要做到

的是「心裡的自在」，而不是強迫自己遵守戒律，被強迫依從戒律對我們是一種反作用力，那不是一件好的事情。

我那時也是一知半解，直到有一天，偶然跟林憶蓮閒話家常時不經意地聊到了這件事。她也經歷過吃嚴格素的階段，後來她慢慢發現「吃素」這件事情不要給自己這麼大的框架。初期吃素的人沒有太多選擇，所以她常常自己下廚，過程中她發掘素食更多的可能性，讓自己學會享受食物的美好。她告訴我，我也應該去把框架打破。

因此，我才開始覺得「自在」很重要。食物的可能性其實有很多種，像蛋、奶、五辛等，這些可以視作一種調味，讓食物、味覺有更多的層次，事實上沒有什麼不好。所以，我們不需要制約自己。從此我可以吃的食物就放寬了，於是我就變成了「蔬食者」，把所謂宗教的制約拿掉了。當宗教的制約拿掉後，我就能去品嘗蔬食的美味，開始追求蔬食生活這一件美好的事。

從我決定吃素的那一天起，從未有一天動搖過我的決心，在這近二十年的時光中，這一項堅持漸漸內化成了我的動力，一點一滴改變了我，擺脫了過去金童的標籤、變得踏實。我的失眠、憂鬱症不知不覺地不藥而癒，而這一切改變的起始，來自我從未給自己制約，因為制約形成秩序，秩序會框架住人。而吃素的過程中，我不僅在真正得到了自由，更清楚我應該去做的事，從此變得踏實，不再漫無目的。

Chapter 1

好好吃蔬食

一般人的印象就是覺得葷食比較豐盛，會認為世界上有這麼多美食可以享受，為什麼要「放棄」？事實上蔬食是讓世界變好的其中一個方向，我們要做的就是讓蔬食變成眾多美食的選項之一，世界就會開始美好了，就這麼簡單。

我曾經對於吃素，
也有刻板印象

　　很多人會擔心，吃素營養不均衡，體力會變差，能量（氣）會不足？這是對素食、吃素的刻板印象。我吃素已經數十年，我的經驗值告訴我，吃素讓我的身心呈現最佳狀態。我的皮膚變光滑，我的精神轉好，脾氣溫和許多；尤其，我很少感冒，免疫力明顯增強，這一點格外有感，我也覺得很神奇。

　　素食主要以水果、蔬菜、豆類、穀物、種子和堅果等植物類食品為主，植物性食物攝取得當，調配得宜，豆類、根莖類、葉菜類，均衡攝取，人體所需要之脂肪、蛋白質、維生素和礦物質就可以滿足。

　　現代人脂肪、蛋白質、糖分攝入過多，反而造成營養過剩、營養失調。低熱量的植物性食物，使人保持適當的體重，所以我的體態一直維持得很好；還可降低心血管疾病、減少癌症的危險、不易罹患糖尿病、高血壓及心血管疾病。

　　我的身心長時間可以維持清爽，領悟力提高許多，想像力豐富，記憶力也好。德國有一份研究說到，素食者能量很高，第一是只攝取野果、野菜、樹葉及藥草的素食者能量最高；其次是純素生機飲食，只攝取天然有機芽菜、莓類、堅果種子、海藻及豆類，生食、烹調不超過攝氏 40 度的素食者，生命能量第二高。一般有機素食者，生的、熟的都吃，生命能量再次之；最後是葷食者，生命能量最低。

　　我個人非常推薦，素食的好處真的很多，還有一點是，吃素後我的味覺，變得敏銳跟細緻，這是我真實的體驗。

　　我在大陸出差的時候，有次吃了一碗「素麵」，才吃了一口我就知道不對，一問他們才坦白說是牛肉湯。還有一次，我到一家葷食火鍋店，一入座就問店家的湯底是否放雞精，同行的朋友在一旁笑說，「雞精」一定都是化學的成分，於是我吃了，結果接下來好幾天，我不是脹氣就是肚子痛，痛苦不堪。素食改變了我的味覺和我的體質，以至於攝取了有毒的肉食、或化學加工食品，我就會自然的排斥和反應，這一點真的不可思議。

無壓蔬食，
先從不吃紅肉試試

世界上的名人中，愛因斯坦是十足的素食主義者。他曾說：「沒有什麼比素食更有助於人類在地球上生存；吃素對全人類有非常正面的感化作用。」人們為了吃動物的一塊肉，在牠們身上耗費的資源，以及過程之中所排出的廢料，跟全球暖化與環境汙染有著密切關係。愛因斯坦開始吃素時提到：「我的三餐沒有肉，可是我覺得這樣非常好。我總覺得人類天生就不是肉食動物。」

其實，動念想吃素的人可以漸進地吃。因為發願而去吃素的人通常都會失敗。有些人會為了家人健康發願吃一年的素，而還不到一年家人恢復健康，自己卻後悔了，怨自己當初為什麼要發願吃一年的素，結果吃素變成了難熬的事，變成一種「熬著」的過程。

我們可以用漸進的方式，從告訴自己「先不吃紅肉」開始。紅肉是比較會影響健康的肉類，很多國外的素食者剛開始也是先不吃紅肉，然後再來不吃白肉，白肉就是雞肉、魚肉等。也有人從吃海鮮開始，其他肉都不吃了，這就是漸進的過程。最後連海鮮都不吃了，自然變成了蛋奶素。這樣的過程不會讓人覺得很煎熬，反而會發現，原來素食比我們想像中多很多選擇，當我們一直有這種感覺，漸漸就吃習慣了。

人就是這樣，當習慣成自然，就不會覺得難熬了，做任何事情都是如此。如果我們經歷過一個很艱難的環境，走出來以後，再看什麼事情都覺得簡單。就像我們以前當兵的時候，在那樣的環境中，就會很想要逃出來，我們被困在裡面，每一天都想著休假，而每一次的休假日就變得彌足珍貴。所以，要讓自己沒有「熬著」的

感覺，只要一步一步去接受就好，而不是二分法——要不就是吃素，要不就是不吃素。「不吃紅肉」是簡單的開始，因為你還有雞、還有魚，還有很多東西可以吃，重點是：「你有很多選擇」。

從不吃紅肉開始嘗試，身體的負擔開始變輕了，慢慢地就會想，是不是連白肉都不要吃了？因為還有海鮮可以吃。就這樣一步一步，不急不徐，也不要勉強自己，不必非得一蹴可幾，畢竟每個人的時間點都不同，只要你很想吃素，就相信自己能夠做得到，真的一點都不難。

常常有人跟我說：「你好厲害，怎麼能吃素數十年？」，我也問過自己很多次，可是我真的覺得有很難嗎？我怎麼從來都沒有覺得很難？我再舉一個例子，如果現在我眼前有一盤炸雞，正好我肚子也很餓，但是我不會想吃這一盤炸雞，我不會生出：「我好想吃，但我吃素。」這樣壓抑的念頭。因為我打從心裡不會想吃，所以也就沒有煎熬、不用忍耐，連壓抑都不需要了。很多人會以為「好可憐，你必須要忍耐看別人吃」，事實上我連一點點這種感覺都沒有，就是要做到這樣，吃蔬食才有意義。如果我們有壓抑的念頭，那就沒有意義了，那就不要吃。

在自己吃素的過程中，遇見很多很棒的蔬食者。有些是母胎素，還在媽媽肚子裡，媽媽吃素，所以就跟著吃素；有些是看過與動保議題相關的紀錄片，覺得於心不忍，所以成為素食者；有些很奇妙，突然有一天，光是聞到肉味就想吐，之後便不敢再碰肉了。每個人有每個人的蔬食旅程，跟著自己的步調走，不要有壓力，很自然神奇地，有天就會走到那一步。無論如何，方向對了，哪怕是一小步，只要開始，總有一天會抵達。

豐蔬食

一周一蔬食，
找回內在平衡

　　「周一無肉日」是一個全球響應的環保活動，對於想要吃素的人來說，我認為是一個很好的方式。換一個角度想，每個「禮拜一」都是一個好的開始，我們先告訴自己「我一個禮拜吃一天」，那也很簡單，接下來就能堅持下去。有很多人在周末需要跟家人朋友聚餐，所以要做到周六無肉日或周日無肉日有點難，所以訂在周一其實很好，也可以是種提醒，讓自己在周一時多吃些蔬菜水果，平衡身體所需的營養。

　　我跟朋友約吃飯時，不一定要約在專賣蔬食的餐廳，朋友也不是一定要跟我一起吃蔬食。雖然我有宗教信仰，但是我對吃素這件事，一直抱持著「自在最重要」的想法。我常常在外面吃飯，如果在完全不知情的情況下吃到葷的，我會覺得沒關係。像是有一次跟朋友一起吃飯，有一道菜其實摻了些葷食，而我吃了那一道菜，朋友就覺得對我很抱歉，好像嚴重冒犯到我一樣。我很認真地跟朋友說：「沒關係的，心無葷念，一切都是素。」

　　不論有沒有宗教信仰，我相信有許多素食者對這樣的事的確會耿耿於懷。事實上，因為不知道而吃到葷食，本身就是一個意外，所以不論是宗教素食者或是蔬食者，都不應該因為戒律或恐懼而沒了「自在」。在我吃嚴格素的那幾年，沒辦法去一般餐廳吃飯，因為我無法不在意廚房是不是全然葷食跟素食分開煮，後來我接受五辛，吃蛋奶素了以後，我就不太在意了。

　　我常常覺得，吃素不要帶給別人困擾，這是我的原則。比如說，我常跟朋友、跟客戶一起吃飯，我都會跟他們說，想吃什麼就點什麼，不需要顧慮我，也不用替我想辦法，我在任何餐廳或食堂都自有辦法，因為每一家餐廳都一定有蔬菜，我只要有兩道菜就吃得很開心了，這樣別人也吃得開心，互相都沒有壓力。

　　另外一提的是「尊重」。葷食者與素食者都應該要互相尊重。我曾經碰過有朋友約我吃飯，故意點清蒸蛇湯要我嘗嘗，這讓我覺得非常不舒服。也很多蔬食同好遇過不少類似的狀況，週邊人會調侃：「不試試肉，怎知肉的好？」，「不吃肉好可惜。」……我想每個人都有自己的選擇，而這個選擇是值得被尊重的。

蔬食在歐美國家流行了很長一段時間，各領域圈子也有一些名人公開自己是素食主義者，給一般人有一種吃蔬食很潮、很時尚的印象。很多人不知道我吃了數十年的素，剛知道時，還問我是不是趕流行？有趣的是，從以前的普遍認為吃素就是「阿彌陀佛」，就是出家人的那一種宗教的茹素，到今天別人看吃素這件事是一種潮流，變化反差真的很大。而因為新冠病毒疫情的影響，許多肉類無法正常進口，所以大家開始吃在地蔬果；甚至為了減少外出而自家栽種，都讓蔬食風潮更甚以往。

　　在過去，素食對葷食者很有距離感，把素食當作美味料理的只有少數人。我常吃的蔬食料理就有很多種變化，像是做成宮保雞丁、牛肉麵或漢堡等，一般會以為沒辦法做成素的，或者以為做成素的就不好吃。還有很多人會有一種誤解，既然不想殺生了，那為什麼還要吃素雞、素肉或素漢堡，是不是內心還想吃肉才會這樣？

　　我的內心想要的是「好吃」。蔬食也可以做出各種讓人垂涎三尺、色香味俱全的菜式，蔬食的口感也可以很有層次啊！所以我們對吃素的想像要更開放一點，拿掉不必要的限制，蔬食料理可以做得跟葷食料理一樣好吃，甚至更美味。我們的味覺都需要變化，不然吃素的人很可憐，永遠就只能吃蔬菜。蔬菜只有一種味道，還是需要被料理變身美食。我覺得蔬食者也可以是美食家。

蔬食革命，
你也可以這樣選擇

現在有很多餐廳會主動開發或提供蔬食菜單，我最近就去了一家法式餐廳，連他們也有了蔬食菜單。所以，蔬食的飲食概念跟數十年比起來進步許多，以前我們從沒有想過去法式餐廳可以吃素。對蔬食者來說，吃法國料理是最難的，第二難的就是日本料理了，尤其在法國與日本當地要找到蔬食是很困難的事。

幾年前有一個非常偉大的法國傳奇名廚阿朗‧帕薩爾（AlainPassard），本來都是做葷食的。他很有意思，在連續好多年拿到米其林之後，有一年歐洲流行狂牛症，引起各界對於肉食的各種討論與恐慌，於是他不想要再殺生了，就把菜單上的紅肉料理下架，然後把他們家的莊園全部種上蔬菜，自家餐廳通通使用當天新鮮採收的蔬菜，就這樣開始做蔬食料理。講到法國的傳統美食，大家就會想到燉小牛肉、馬賽魚湯等，都是法國人最引以自豪的，於是當名廚阿朗‧帕薩爾的餐廳開始將許多招牌肉類料理砍掉，改成蔬食菜單的時候，就引起很多慕名而來的顧客或老饕不滿，媒體也不斷抨擊他，但他沒有因此退縮，隔年他竟用蔬食料理再次拿到了米其林的肯定。

越來越多人想要吃蔬食，變成了一種革命了。為什麼說那是一種革命，因為那將漸漸地改變原有市場的生態跟環境，當更多人有需求，就會有更多人投入這一件事，我們的飲食習慣、生活環境就會改變。

蔬食料理也能吃得很藝術。前幾年我造訪過的法國餐廳「蘭」，他們受到米其林的推薦，當時沒有蔬食的選項，但現在他們竟然有了專門的蔬食菜單，專為素食者準備，這樣的轉變連我都覺得很訝異。「蘭」為蔬食者準備的菜單，吃起來一點都沒有「吃素」的感覺，每一道都別具風味，味蕾很有層次感，而且在視覺上也極為享受。

數十年前我開始吃素時，我感覺周遭的人會用「阿彌陀佛」的眼光看我，現在就不會了，大多數人會覺得沒什麼奇怪的，有些人還會覺得很好，素食不過是一種選擇而已。事實上也是，我們人在飲食上有很多選擇，蔬食也是其中一項，當我們都有了這種開放的想法，享受蔬食的人就越來越多，聲量越來越大，漸漸地融入我們每一個人的生活圈，走在街上到處都可以找到好吃的蔬食。

「好吃的」跟
「吃好的」要平衡

　　我們不可能每天都吃一樣的東西，有時候，我們就是需要吃「好吃的」，像是甜點、炸物或是火鍋等，充分滿足人的味蕾。而所謂「吃好的」就是要吃對身體有益的。「吃對身體好的」跟「吃好的」還是不太一樣，舉例來說，我們每天最基本的就是要攝取蛋白質跟纖維質，如果感覺自己一天下來吃到的纖維質不夠，我就會去便利商店買個地瓜；或是，如果我覺得自己蛋白質攝取不夠，就會去買個茶葉蛋來吃，這樣「吃對身體好的」這件事，是不是很簡單？

　　像是「裸食」，吃的是食物原本的味道，原來的精華，它不能被大火烹調，它的營養會被破壞，所以「裸食」是很健康的料理，雖然它沒有什麼味道，但我內心信任它是我「吃好」的一餐。我大概每隔幾周就會去 Plants 吃一次裸食，我家附近就有一家。可是每到冬季時，吃「裸食」就會讓我有點掙扎，因為在冬天吃「火鍋」對我的吸引力更大，而且也我家附近有一家叫做「夠夠肉」的石頭火鍋店，所以一邊是冷冷的吃了會讓身體很健康的一餐，一邊則是暖呼呼吃了會讓我很滿足的一餐，可以想見比起裸食料理，石頭火鍋的吸引力有多大了。

　　我很聽從現在內心的訊息，一直都是想到什麼就去做。我不會去想：「我絕對不可以吃火鍋」，或「一定要怎樣」；以前的我對自己很嚴格，不可以就是不可以，但現在不會了。現在的我就會想：「真的好冷喔，所以今天去就去吃火鍋吧。」我知道這一餐吃火鍋的熱量很高，所以這兩天我就會更勤奮去運動，消耗多出來的熱量。

現在的蔬食變化比起以前多很多了，不僅僅訴求清淡，像是「祥和」做的川味蔬食就是一種變化。我年輕的時候不吃辣，後來學會了吃辣，而且愛上辣味，每隔一段時間就會想吃口味重一點的蔬食。再舉例像是杏鮑菇也有很多種料理方式，總是把它當作沙拉來吃，口味就很單一，做成椒鹽杏鮑菇，或是麻辣杏鮑菇，口感、味道都變得有趣許多。只是，如果我連續幾天都吃了較重口味的食物，我自己心裡會知道，我的身體也會告訴我得吃健康一點，我就會去 Plants 清清自己的腸胃。我一直都知道自己每一餐吃得好不好。

　　我對每一種食物都可以平衡得很好，有一些食物吃了讓我心裡很滿足，另一些食物是吃了讓我的身體很滿足，這是不一樣的。我很喜歡 Plants 的韓式拌飯，一般的韓式拌飯都是熱呼呼的，還可以一邊拌一邊刮鍋巴飯來吃，非常美味。但是 Plants 的食材料理都控制在攝氏 45 度以下，保留了食物的營養與活性。相較於正宗的韓式料理，Plants 吃起來就冷冷的，但「裸食」對我的身體很好，所以我還是會告訴自己這樣的一餐也很重要。每次去 Plants，我也會覺得好吃，也吃得飽，可是我不會覺得滿足，會有一種好像沒吃到什麼的空虛感；但要換成「夠夠肉」的火鍋，或是「祥和餐廳」的川菜，我就會覺得身體滿足了。我也會有嘴饞的時候。在台北的公館有一家賣鹽酥雞的小吃攤，偶爾我也會想要嘗一下那個味道，不過就是偶一為之，因為吃完以後會覺得很油膩。還有很多人會對味精過敏，我只要吃到了就會口乾舌燥，之後這一家餐廳就不會再去了。

　　對於吃素這件事，我們不必看得太嚴肅，不要吃得太單調，就不會吃得很無聊，尤其對於一些想嘗試吃素的人，不覺得無聊就比較「吃得住」了，想要成為蔬食者也容易成功。例如，蔬食做成糖醋魚是不是很有趣？我也會想要嘗嘗看，但我想吃的不是「魚」，而是這一道仿糖醋魚口味做的菜「很好吃」，這才是我想要強調的。

　　蔬食也可以吃得很精緻。曾經有一個米其林三星主廚來台灣訪問，我也很好奇，蔬食也可以做到米其林嗎？其實，我是一個好奇心很強的人，什麼事都會想要試一試，尤其是蔬食料理不像肉食料理容易做出味道、口感上的層次變化，所以蔬食要

得到米其林的肯定更難。享受食物的精緻，指的是在口感上變化多端，我們的舌頭可以明顯地感受到食物的味道，原來常見的食材換一種料理方式，滋味會如此不同，原來我們有這麼多的香料可以選擇，原來也可以這樣調味……，美味的雷達就這樣被打開了，我們對蔬食的侷限也打開了，光是理解這一件事，就讓我覺得非常有趣。當我的味蕾被啟發了，也喚醒我想要動手做蔬食的靈魂，我將在後面的篇章跟讀者們分享。

讓心情變好的
快速撇步

　　我一直都覺得，到處都可以找得到蔬食者可以吃的東西，就算是小吃也很容易找到，不是因為我在一個地方生活很久了，很熟悉的關係，而是我一向都會主動去找好吃的。如果我到了一個陌生的地方，我會在網路上搜尋附近有什麼好吃的，或我也很喜歡在大街小巷間慢慢逛，逛一圈走走看看。要是我看上一家麵館，我就會走進去，請店家幫我做一碗素的，若是湯麵做不了，可以做乾麵，加上香香的辣椒醬就很好吃；若想要喝湯的話，一碗青菜豆腐湯也沒問題。

　　我對於各種食物、不同料理的接受度都滿高的，尤其是好奇心使然，我幾乎都很願意去嘗試。因為，我是一個很注重「吃」的人，我會多做研究、多方嘗試。很多事情也是這樣，如果我們覺得重要，我們就會勤奮一點，這樣獲得的滿足感跟成就感，一次次都會超過我們的預期。

　　「吃」這一件事對每一個人都很重要，「吃」是生活的一種調劑。我們心情不好的時候，吃了好吃的心情就會變好，我相信食物可以療癒我們的身心，食物有療癒的功能。每個人都知道蘋果對我們的健康幫助很多，但是很少人會把蘋果烤過

再吃，我個人非常喜歡烤蘋果，烤過的蘋果呈現的是咖啡色的樣子，樣子雖不好看，但是肉桂粉的香氣加上蘋果的香氣，真的可以完全征服我的嗅覺，想著想著我就想馬上吃到，希望眼前馬上有這一道，光是想到就很幸福，所以「好吃」非常療癒。

　　我們都可以找到滿足自己的方式，但食物是我覺得最簡單、最快速的方式。想要自我療癒，「吃」這件事情是最快速的。所以，要讓自己的心情變好有兩個快速上手的要訣，

第一個是吃自己最想吃的，第二個就是去吃好吃的。有一天晚上，我先是想到我隔天沒有行程，然後腦海中突然就出現了透明的涼皮和釀皮，我突然很想念以前吃過的這種好味道。於是興致來了馬上上網搜尋，搜到在屏東的一家釀皮店。隔天一早我就真的南下屏東，結果真的找到了，當下覺得好滿足。

我是那種想到什麼好吃的就會去找來吃的人，我也曾經大半夜地跑出去吃陳家涼麵，心情就變得很美麗。我的行動力很強，所以踩到地雷會很生氣，一定要再去找另外一個食物替代，用好吃的去替代那個踩雷的不快。在台北士林有一攤做素的章魚燒，他們用杏鮑菇取代章魚做成了「寶菇燒」，每一天都是大排長龍，是很

受歡迎的人氣小吃。蔬食也可以做到讓人念念不忘，吃到了就覺得滿足口腹之欲，所以才說台灣真是美食天堂。踩到地雷，我就想著再去吃個寶菇燒，吃到了心情就變好了。我們有欲望時為什麼不去滿足呢？我們為什麼要去壓抑自己的欲望？我們不單純是因為餓了，為了活下去而「進食」，當食物通過我們的嘴巴，那是感官作用，我們會記憶每一種味覺，化作一個個想像，同時也滿足了想像。

記憶的味道，
自己親手做的美味

　　我一直覺得我是不會做菜的，若是邀請朋友們到家裡來聚會，下廚的人一定不是我。其實小時候，因為媽媽要上班常常沒時間煮晚餐，都是我煮給弟弟吃的。小時候的我，常常在廚房裡看著媽媽做菜，所以我也可以自己動手做幾道簡單的菜，只是後來長大了，獨立生活了以後，就沒有再想過自己下廚這件事，時間一久，就覺得自己是不會做菜的人。有一天我心血來潮打電話給媽媽，說我要做菜給她吃，邀她來我家吃飯，我媽媽很驚訝啊，因為她從來沒有吃過我做的菜，於是她就跟我弟弟一家人來我家一起午餐了。煮完這一頓我才發現，原來煮一餐這麼辛苦。

　　為了準備這一餐，早上九點我就先去傳統市場買菜，買回來從開始備料，然後一道一道下鍋料理，一直到大家吃飽了，已經下午兩點半了，真的太辛苦了。我一時有感而發就對媽媽說：「妳辛苦了」。媽媽一聽還哈哈大笑地說：「你現在才知道啊。」那一天我滿心期待地問媽媽：「怎麼樣，這一餐有及格嗎？」，我心想如果不及格，我就不做了啦，當時我心裡七上八下的，她就跟我說，挺好吃的啊，最了不起的是每一道菜的鹹淡都掌握得很好，還問我：「你怎麼知道如何調味的？」我這才心滿意足，覺得自己在做菜這一件事上，還滿有天份的，我只是用感覺跟想像去調味，連我挑嘴的、無肉不歡的弟弟，都覺得我做的蔬食很好吃，從這一天開始，我就對自己做菜有了信心，也開始很多其他的嘗試了。

　　我搬過幾次家，以前我家廚房有瓦斯爐，可以用大火烹煮，可惜了我只用來煮水餃跟泡麵，所以沒有什麼作用。現在我家的廚房用電磁爐、烤箱和氣炸鍋，因為我不想要家裡有油煙味。其實我會一邊做菜一邊收拾跟清洗，這樣做完菜廚房還是乾乾淨淨的，我喜歡這樣。也因為開始自己下廚了，比起以前我的廚房就多了很多東西，我買了數十種調味料，還有各式廚具，像是做甜品的刮刀，還有分蛋器、量匙、電子秤，還有各式鍋碗瓢盆等，我感覺我的廚房，東西多到都要爆炸了；甚至我還種了薄荷葉、九層塔，做菜的時候想用多少就摘多少，又新鮮又有趣。

　　素的鹽酥雞、法式吐司、義式燉飯這都是我很喜歡吃的東西。我有一天爬了文，專程去買了義大利進口的米，想要試試看做道地口感的義式燉飯。本來他們用的是

葷的高湯，我就想著要怎麼用蔬果去仿做出一樣美味的高湯。平日一有空檔我就會開始想，我要準備哪些食材，我還需要什麼額外的調味料，然後把它記下來，利用周末的時間去採買最新鮮的食材，找時間來做。我一直都很有實驗精神，也收藏了很多做菜的影片頻道，只要感覺到特別好玩的，就會去試試看、做做看。

　　我不單喜歡看做菜的影片，還會去找食譜來看，不一定都是素的食譜。最近我就看了一個做烤肉飯的，我覺得他的做法很棒，我就想著用他的概念做成素的烤肉飯。我們只要把一些食材換掉，再加上一點創意和想像，也能做出美味料理。有一陣子我很著迷地，每天回到家剛洗完澡而已，就打開做菜頻道一邊看一邊做筆記，像學生一樣熱衷學習，然後就開始練習做菜。我很喜歡松露炒飯，做過三次，每一次做我都會記錄下來，看看哪一次我最滿意。每次我把自己做的成品放到臉書上跟朋友分享的時候，很多人會跟我要食譜，但我不是那種很精確的人，一開始就是憑感覺而已。

　　我也可以很簡單吃一餐，沒有行程時，我在家裡煮一碗麵就是一餐，有一陣子我在家就吃 KiKi 拌麵。KiKi 拌麵不是油炸製成，也沒有防腐劑，它有四種口味且都是素食，朋友送給我一大箱，於是我待在家時就吃 KiKi 拌麵。雖然它很好吃，但我不會餐餐都吃拌麵。到了下一餐，我會覺得應該要吃一點蔬菜。在我家附近有一家有機飲食店叫作「蕃薯藤」，他們並不是專賣蔬食的餐廳，但菜單上有蔬食者可以選擇的菜色，例如蒸南瓜、炒青菜、蒸豆腐等，多是我一天所需要的蔬菜，對於這一點，我總是有意識地去告訴自己，雖然我很懶、很宅，我還是會去把一天該有的營養補起來。

五行湯

說到自己動手做的蔬食料理，我曾經做過五行湯。我有一陣子常常做所謂的五行湯，它是集合了綠色、黃色、紅色、黑色、白色，分別是白蘿蔔葉子、牛蒡、紅蘿蔔、香菇跟白蘿蔔煮成的湯。它的維生素 A 是鰻魚的三倍，維生素 B 比一般的豆子多了六成，維生素 B2 是牛奶的兩倍。不過，過去有一個日本人出書說五行湯可以治療癌症，這一點我是存疑的。我們平常的飲食會缺少某些營養，很多人會吃維他命錠來補充，但是維他命錠多是安慰劑的效用，不如多吃天然的食物，藥補不如食補，我是那一種傾向用食物去補充身體養分的人。

司康

西式糕點我也嘗試過。我們去西點麵包店，或是有些咖啡店，常常可以看到司康（Scone）這款西方茶點。然而，我不喜歡司康，因為我吃過的司康口感都柴柴的，所以我理所當然地認為，「柴柴、乾乾的」就是司康的口味。不過有一天，台灣文學館主辦了「餐桌上的文學」，我應邀參加了一場「現場教你做司康」的活動，和「木溪 MerciKitchen」主廚黃雅琦一起做司康。剛開始我很緊張，但是跟著西點達人從麵粉過篩開始學，一個多小時之後，做出了我生平的第一個司康，嘗了一口自己做的司康，才發現，原來好吃的司康口感外酥內軟，而且還是我親手做出來的味道。這一場活動翻轉了我對於司康以及對自己的看法。

我們常會對一些食物有某種偏見（或是偏食），我們也常對一些事情產生偏見。我沒做過司康，就一直想著我不會做、我做不出來的、我一定不行，沒想到做出來的結果出乎意料，這就是可能性——人有很多可能性，食物也有很多可能性，我以前沒有這樣想過，這一場活動啟發了我。

為什麼我第一次做司康會一點都不柴？其實是現場的師傅指導了我一些訣竅。首先是拌麵粉，我們在麵粉裡加了一些水、糖和醋，師傅就教我們用手混勻，用指腹去收，不要過度施力，過度施力就會出筋，所以司康才會吃起來口感乾乾、柴柴

的。再來，奶油也是關鍵，我們用的奶油不能先融化，也不能是那種剛從冷藏庫拿出來表面有一層水的，要用剛好硬度的那種奶油下去拌，這就是司康美味的秘訣。我本來對自己很沒信心，我完全把自己當成一個懵懂的學生，跟著師傅一個步驟一個步驟做，沒想到做出來可以這樣好吃，那一瞬間我好有成就感，跟著就對自己信心大增。

我覺得食物真的很有趣，不同的人做出來的味道會不同，明明一樣都是司康，而且我本來是一個討厭吃司康的人，結果我卻從此愛上了司康，還想著自己回家要常常做司康。不過一個多小時的時間，我就有了這樣的轉變，真的太有趣了。我們腦袋裡都有一些先入為主的觀念，有時候可以先放一邊，我們以為我們不喜歡的食物，不要放棄嘗試，食物料理與烹調方式變化很多，也許哪天就吃到喜歡的味道了。

煮湯圓、洛神花

有一天因為元宵節到了，我找了這個機會首次在粉絲團開吃播，告訴大家我要來展示新手如何煮湯圓，當天準備了兩種湯圓，一種是傳統的湯圓，另一種是奶茶湯圓。所謂傳統的湯圓，就是一顆一顆紅色跟白色的小湯圓，為了煮出阿嬤的味道，我還特地去傳統市場找到了台糖出產的二號砂糖。本來我以為煮湯圓很簡單，結果當下就有人提醒我，溫度要控制在多少度，還要一直攪動鍋子等，原來還有不少技巧。幸好最後完成品很好吃，因此我的第一次煮湯圓，以及我的第一次吃播也大成功。

還有一天逛市場的時候，剛好遇到洛神花出產的季節，一大包新鮮的洛神花只賣五十、一百元；洛神花對身體很好，可以降血壓，於是我就買了一大包帶回家了。回到家，我就把買來的所有洛神花丟進鍋子裡，加入適量的冰糖一起炒，炒到整個洛神花都變軟，漂亮的紅色汁液都跑了出來，然後起鍋放進密封罐裡頭，等完全涼了以後就放進冰箱冷藏，之後直接吃或泡冷水、泡開水喝都很好。

第一次做磅蛋糕、草莓大福

　　很常聽到別人說：「哇，有什麼是你不會做的啊？」做一次成功了很容易有信心繼續做，失敗了再有信心重新挑戰最困難。我做失敗的東西很多，第一次做磅蛋糕花了我很多時間，而且還是做給來家裡用餐客人的第一次嘗試。當時，我沒想到烤磅蛋糕需要專業一點的烤箱，我就想著「理論上」我有模具，放得進我家的小烤箱應該也可以吧，結果本體膨脹起來的時候，因為烤箱的高度不足就失敗了。做舒芙蕾會不會很難？很多東西我不知道難不難，我可能一開始也會覺得很難，但是不要管它難不難就去試試看，試試看並不難啊。如果我成功了，我會覺得自己很棒；如果我失敗了，就想一想是什麼地方做錯了，然後下一次修正這些錯誤再試試看就好了，我都會檢討我哪裡做錯了，這一點很重要。

　　當我做成功了，別人就會很佩服，好像我做什麼事都輕鬆就成功了一樣。也許是跟我的個性有關吧，自己下廚這一件事，也讓我多認識了自己的個性。我做草莓大福時，也失敗過幾次，每一次都會發現不同的錯誤。其中一次是在做紅豆餡的時候不夠濃稠，再加上新鮮草莓餡的水份，最後我的草莓大福形狀就變得歪七扭八。當時我就把這樣的結果記錄下來，然後告訴自己要重新再做。我不是那種失敗了就算了的個性，我會重新挑戰直到成功為止。

用氣炸鍋做熔岩巧克力

　　我以前不太吃甜點的，是因為我會做了，所以才喜歡上甜點。關鍵在於，我買了一台氣炸鍋。很多甜點會告訴我們要用烤箱做，但是用烤箱做很容易失敗，用氣炸鍋成功率就很高。如果我們看的是烤箱食譜，我們想改用氣炸鍋試試看，其中有一個祕訣需要注意，假設它告訴我們：放進烤箱中的溫度是 180 度，時間是「70 分鐘」；放到氣炸鍋裡頭可能就要改成：溫度是 180 度，時間是「10 分鐘」，我們無法很精確的掌握，但只要試試看就知道了。

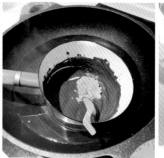

　　我從不吃熔岩巧克力，因為我對巧克力過敏。會做了以後，就嘗試好幾次，成功了以後，連巧克力舒芙蕾、布朗尼、鳳梨酥都想試試看。雖然巧克力是我的過敏源之一，但是我吃一點點還可以，現在我都可以做給別人吃，很有成就感。有一次我跟蜜糖吐司的老闆聊到泰國的一家甜點店，我說那一家的甜點都加了一點鹽，加了鹽的甜點味道很神奇地就多了一個層次，甜味就被鹹味平衡了，吃起來就不膩了，甚至更好吃。我在煮紅豆湯的時候也會加一點鹽，會有很明顯的提味作用。所以，我在做布丁吐司的時候，就加入奇異果，讓奇異果天然的酸味，去平衡布丁吐司的甜味，味道因此有了層次感。

　　很多人以為我要開餐廳，怎麼會分享自己的手作料理？其實，做菜就是一種居家生活，很有生活感的，尤其我吃素，一般人會覺得吃素很無聊，當我學習做菜開始加入很多創意，也等於我的生活多了許多創意。事實上，我吃素這一件事，就侷限食物和烹飪的可能，所以我要更有創意去找出替代的各種方案，讓吃素變有趣。而我最想要跟朋友們分享的，就是吃素一點也不無聊，素食也可以吃得很美味，蔬食生活可以讓人心滿意足。做菜這一件事，只要有一次做成功了，就會好有成就感，只要聽到別人跟我說一次：「好吃！」，我就有信心和動力繼續做下去。如果我到一家餐廳吃到一道不好吃的料理，就會去另一家餐廳找另一道好吃的來代替，做菜也是一樣的，做壞了就換個方式再做一次就好了。

失敗了就重來，
一直到成功為止

　　當我看到一道漂亮的菜色，我就會想去研究，會想知道它用了哪些食材，然後找來那些食材，嘗試自己做做看。所以，我是從模仿開始的，我覺得模仿沒什麼不好，沒有一道菜是憑空出來的，一定有一些他人的軌跡，我們一邊學習，一邊還可以加入一些創意，最後就可能做出既迎合自己口味，又讓別人覺得美味的料理。學做菜這一件事，可能我還是比起一般人更有想像力，好像學得很快，感覺一夜之間我變成一個會做菜的人。

　　其實，我是一個很「愛吃」的人，一個很愛吃的人，會對每一種食材的味道感到熟悉，對於每一種食材的搭配與口感比較敏感，所以在做菜之前，我會在腦中去思考不同食材該怎麼搭配，會有怎樣的化學變化，想像過後再動手做，成功的機率自然就高了許多。所以，我們只要想學都學得會，只要跨出第一步。尤其，做菜一定要有耐心，說真的只要稍為沒有耐心，很容易就失敗。像是，多灑一點點鹽就鹹了。我不是很有經驗的人，所以我會小心一點，沒有自信就少放一點鹽，嘗一下味

道，覺得淡了一點就再加。

　　我們只要承認自己沒有經驗就成了，失敗的次數就會減少，這件事也成為我的人生哲學。原來，做菜可以讓我的個性慢一點，我以前對某些事情是很急躁的，我現在可以更包容一點，失敗就失敗了，失敗了就重來，一直到成功為止。自從我開始做菜了以後，我家就變得熱鬧了許多，我的性格也有一點改變，以前的我不太喜歡有人到家裡來，我覺得在家就是為了放鬆，朋友約吃飯就到外面餐廳，這樣子我會比較自在。

　　當我學會做菜了以後，就常常招待朋友來家裡，反而覺得這是一種更加凝聚情感的好方式。但我的朋友大部分都吃葷時怎麼辦？我就想辦法做得口味重一點，像是炒素羊肉這一道菜，我會用芹菜去炒，吃過的人都很開心，覺得怎麼會炒得這麼香。我會去設想葷食的口感、味道，想著我做的菜也要讓吃葷的人感到滿足，既可以滿足所有人的胃口，又能夠顧及到健康，就沒有理由排斥吃素這件事。有一次吳克群來我家吃飯，我做了一道素的獅子頭，事實上克群是無肉不歡的人，但那天他就吃得很香、很開心。

　　一般人的印象就是覺得葷食比較豐盛，會認為世界上有這麼多美食可以享受，為什麼要「放棄」？事實上蔬食是讓世界變好的其中一個方向，我們要做的就是讓蔬食變成眾多美食的選項之一，世界就會開始美好了，就這麼簡單。

我們不一定要吃三餐

我常常早午餐一起吃，其實我們不一定要吃三餐，我覺得餓了再吃就好，身體會告訴我們。有些時候，固定吃三餐很容易胖，所以我們不一定要吃足三餐，餓了再吃比較符合人體的自然運作。也許，有人會認為，早餐很重要一定要吃。

像我到台南去就發現，台南人的早餐很豐盛，一早起來就喝牛肉湯、吃粽子，菜單上都是高熱量的食物，這其實是因為早期農業社會留下來的飲食習慣，到了我們這一代，就變成了一個城市的飲食特色，許多旅人因此慕名而來。但是，對一般上班族來說，這樣照三餐吃容易變成囤積，尤其長時間坐辦公桌前，若再加上沒有運動，不就堆積成脂肪？

我不會認為哪一餐特別重要，或哪一餐特別不重要，營養均衡地吃，美味、開心且節制地吃，才是我最重視的。不過，水果我每天都要吃的。我非常愛吃水果，冰箱裡一定會有水果，我家桌上的水果盆看起來就像裝飾品一樣漂亮，平常就擺了一大盆各種顏色的水果。只要是水果我都喜歡，除了榴槤。很久以前朋友帶了榴槤到我家，放在我家冰箱，那個味道在冰箱裡久久不散，真的讓我困擾了好幾天，榴槤聞起來、吃起來，對我來說很像瓦斯的味道，可以說是我唯一無法接受的水果。

我太喜歡吃水果了，但要注意晚上以後盡量不要吃，很多人一定都聽說過，水

果在早上吃是金，在下午吃是銀，到晚上吃變成銅。所以，早上吃水果是最好的，到了晚上我們盡量不要吃，尤其是甜度高的水果，糖分會儲存在我們體內，我們會容易變胖。我們為了瘦身不吃澱粉，但晚上吃了含糖的水果，結果還是一樣變胖了。我的媽媽在我們老家屋頂有一座開心農場，她種了好多有機水果，有火龍果、葡萄、檸檬、香蕉、南瓜、無花果，每一顆都長得又大又漂亮。

　　水果要當令的比較好。其實我還滿傳統的，我會覺得照著節氣去吃才是正確的，才是真正養生。像在十月，我家裡就會有香蕉、西洋梨、蘋果、葡萄、紅李子等水果。夏天來時，我最喜歡吃西瓜，芒果我就不太敢吃，就中醫而言，芒果叫做發物，假如我們身上有傷口，吃芒果就不容易好，有時候吃了還會上火。因為我身體比較熱，所以荔枝我也不太吃，我對熱性的食物都會盡量避免，因為我吃了身體幾乎馬上就會有反應。有一次我才吃一串荔枝，就開始暈眩了。這其實也算是一種過敏反應。大家也可以細心觀察，注意自己的身體對各種食物的反應。

如果什麼都不行，
那乾脆去清修算了

　　我曾經做過預防醫學的檢測，檢測了一千多種項目，才知道有些東西我會過敏，像夏威夷果仁，以前我不知道，一直在吃。我喝酒會起酒疹，所以我對酒也過敏。我還對報紙過敏，像有些書一打開、油墨一出來我就知道完了，開始眼淚、鼻涕流不停。這些症狀都是在這十幾年間才清楚，以前都不會敏感地去感受自己身體的反應，從來都不會去注意這些警訊，因為什麼都不知道，所以什麼都吃。

　　我很愛吃冰，常常被我的中醫師罵。我的中醫師告誡我不要常吃冰，他覺得濕氣會因此停留在我們身體，其實是不好的。每次中醫師都會問我有沒有吃冰，我要是吃了，他就會說：「怎麼又吃冰了？」其實不是只有女生，男生也是一樣，但這一件事我是忍不住的，偶爾就會想要去吃一下，說真的，如果什麼都不行，那我乾脆去清修算了。在我家附近有一家冰店叫作「雪人兄弟」，我常晚上走過去吃冰。我在點餐的時候，都會讓他們不要在我的冰品上面澆糖水，老闆每次都會叨唸一句：「不加糖水你到底怎麼吃？」

　　實際上，我盡量少吃糖，不是絕對禁止，就是盡量少吃，因為我們如果吃太多糖，老化速度很快，尤其是對皮膚的影響更大。吃冰的時候，我會點仙草、大紅豆、杏仁粿、鳳梨等配料，其實配料都有甜度，對我來說，這樣就夠了，只是在冰店老闆的立場，會覺得沒加糖水不好吃。我不會強迫自己完全不吃，但我也會節制自己吃一點就好。完全不吃這件事，我相信大部分的人都做不到，搞不好因為限制，反而後來吃更多。

　　再來說說辣。我本來是完全不能吃辣的人，是因為花椒的香氣、味道太獨特了，才開始吸引我去吃辣。吃辣這一件事是可以訓練的，老實說，我從來沒想過自己有一天可以吃辣。有一次我在家吃飯，我的媽媽一聽我說想吃辣一點，她嚇一大跳，驚訝地對我說：「你怎麼現在會吃辣？」她以前做菜給我吃的時候，是完全不能放辣椒的，從前的我一定會抓狂。雖然我少油、少糖、少鹽，但我偶爾會吃辣，所以我也很愛川菜。

　　吃辣對身體好，「辣」可以幫身體排除濕氣，像吃辣的四川人皮膚都特別好。

以前我只要吃到辣就會抓狂，汗如雨下，覺得很不舒服。但我就想，我得試試看，從我喜歡上的花椒開始去學習吃辣，從這點起頭，就不會太挫折。我問自己：「為什麼我要這樣怕辣？」於是，我就一次吃一點，一點點、一點點進步，現在我可以吃很辣，還可以吃麻辣鍋，我吃辣仍會臉紅、會飆汗，但我知道流汗是好的，幫我們排濕氣，於是現在吃辣變成了一種享受。

茶跟咖啡，我以前也敬謝不敏，只要喝到茶跟咖啡我一整天就毀了，精神會很亢奮，心跳得很快，尤其到晚上會沒辦法睡。所以，我在外面餐廳通常會點花茶喝，但老實說，歐洲的花茶很難喝，有一種香精的味道。很多人都不知道，彰化以南到台東這一塊地方，其實有很多的花農，他們栽種的花大多外銷到歐美，然後在國外製成花茶再銷回來，我們喝的花茶很多可能是台灣種植的花。我很喜歡喝蝶豆花茶，它的花青素是非常高的，而花青素也是我們身體很需要的，所以我常常喝。

有一回我去台東，有一個朋友很熱情說要帶我去見茶王，我就說了我不喝茶，喝茶會心悸、睡不著，甭帶我去了，但那位朋友就是很堅持，說什麼都沒用，就這樣把我帶去。到了茶王陳錫欽家裡，茶王就說：「來啊，來啉茶。」我喝了一口茶，一股甘甜滋味在我的口腔裡蔓延，嘴裡滿滿的香氣，然而當下，我還是不由自主地想著：「今天晚上不用睡了……」我真的喝了很多茶。出乎我意料的是，那天晚上我竟然睡得很好。難道是我體質改變了？第二天我就跟朋友說，可以帶我去跟茶王再見一面嗎？我想跟他聊一聊。

我一見到茶王就問：「我一直以來只要喝了茶就會睡不著，為什麼喝你的茶，我不會睡不著？」一問我才知道，只要喝到好茶就不會有睡不著的問題。真正的好茶，要透過手工的揉捻工序，把大部分咖啡因都揉掉，所以不會有睡不著的問題。那喝茶為什麼會心悸？他告訴我，第一個原因是沒有揉掉咖啡因，第二個原因是茶葉殘存的農藥讓身體產生了反應。

我回到台北，想著搞不好是我的體質改變了，於是就試著去找其他的茶喝，結果還是心悸了。於是，我再次下去台東找茶王，跟他說：「我覺得你的茶很不一樣、

很特別。」後來我才知道，茶葉有九道製程，茶王的茶到第六道製程的時候，就批發給同行了，最後的三道工序由同業自己做，然後那些茶就會變成不同品牌到市場上，外面很多茶都是來自於他的茶園。而由他自己做完九道工序的茶葉，只限定在他自己的店裡才買得到。為什麼茶王的茶葉不品牌化？我忍不住問他，他說：「不要跟我講這麼多，你們台北人最會講品牌，很多人都來跟我講過，最後都騙我。」

我的身體就像是一個實驗場，茶王的茶給我的感覺太特別了，於是我說服了茶王跟我合作。一開始我們想做成茶飲進入超商通路，但茶王的茶只有三天的賞味期限，再加上茶王種的茶葉是用黃豆去施肥，不噴農藥，這樣栽種的成本自然就高，他的茶葉也會相對昂貴，多方思考過後，我就決定將茶做成精品，鎖定高端禮物市場，找藝術家來做包裝，於是「豐茶」就這樣誕生了。我覺得台灣的好東西應該要被留下來，應該要有人去行銷跟包裝，才能提升價值，這也是台灣價值呀，可是很少人在做這件事情，希望未來有更多人投入！

好吃其實跟是素、是葷無關

　　我們不是一定要去一家店或餐廳吃，道理很簡單，注重平衡而已。我今天一天大概吃了什麼，或沒吃到什麼，我自己會知道，這一點是值得注意的事。很多人會誤解吃素的人營養不夠，其實剛好相反。我的感覺一直都很敏銳，會提醒自己要注意營養。當我們意識到「營養均衡」的時候，我們就會找出讓營養均衡的辦法。

　　當年我在吃嚴格素的時候一直無法「平衡」，而且麻煩自己也麻煩到別人，連要找一家素食店都找不到，尤其是出差或旅行到國外去的時候最痛苦。吃嚴格素的我旅行到了美國紐約想找一些吃的，於是上網搜尋了 vegetarian，美國的 vegetarian 跟我的想像不一樣，菜單上面寫了洋蔥、蒜跟酒，但我也就隨遇而安吃了。事實上這樣對身體沒有什麼不好，然後又方便，很多人出差或旅遊，遇到陌生、不同的環境時，放寬條件是比較不為難自己的方式。

　　我後來不再吃嚴格素，也是因為去了紐約這一趟，我發現吃素真的不需要吃得那麼辛苦。我後來都搜尋「蔬食」而不是「素食」餐廳，我已經把素食兩個字拿掉。例如我會去找賣蚵仔煎的，問我可不可以吃他們的蚵仔煎，他們會說：「不行。」我會說：「為什麼不行？」、「就不要放蚵仔啊！」那蚵仔煎就變蛋煎了，這樣也行。他們會再問：「那油呢？」我就會跟他們說，沙拉油沒問題。所以，方法很多。

　　雖然還是會有人拒絕我，像是一些美食店家、百年老店等，他們不會理我，但問一下還是可以碰碰運氣。台南赤崁樓旁邊有一家很有名的鍋燒意麵，我一進到店裡就跟他們表明「我吃素」，果不其然他們就跟我說：「沒辦法做啦！」但是我不放棄：「拜託啦，不要這樣子，你用清水啊。」我就這樣說，他又回我：「不行，我們都是大骨湯。」這時候老闆娘突然從裡面走出來說：「哩呷菜喔？

哇馬係啦，哇幫哩煮厚某？」（你吃素？我也是喔，我來幫你煮好不好？）很快地，她就從冰箱裡拿出了自己的調醬，結果，是老闆娘幫我特製了一碗鍋燒麵，真的非常好吃。

有些人可能會覺得這樣的我很有趣，事實上我也覺得這樣的嘗試很有意思，我一直都會去試著去開口，問店家：「可不可以幫我做做看？」或者問：「我有什麼選擇？」通常大部分都可以。

台灣其實對蔬食者非常友善，我覺得在全世界應該排名第一名了，最不友善的是日本，我每次到日本去都頭好痛。不過，在台灣有一家叫做穗科的烏龍麵專賣店，雖然也是日式的烏龍麵，但菜單上的每一道菜式都是素食。穗科很有趣，他們從未對外標榜做的是素食，因此很多人不知道穗科是素食，反而店內每天都座無虛席，一直是相當熱門的美食店。

因此我們知道了，不標榜素食，就不會有先入為主的想法，只是單純覺得很好吃了。很多人會強調：「我不是吃素的」、「我不要吃素」或有一些人會認為「吃素吃不飽」、「吃素很單調」等，然而當一家店不標榜素食的時候，我們去吃了就單純覺得這家店好吃，一般人看著菜單上的咖哩烏龍麵、麻辣烏龍麵……直接就做選擇了，只因為每一道看起來都「很好吃」，跟它是素、是葷無關，是不是很有意思？

好奇心讓人保持年輕

　　人生是沒有什麼放不下的，所以當你放下了之後，你的手就會空出來再拿一個新的東西起來。不好的、舊的都先丟掉，你只有兩隻手，你何必讓自己那麼忙、什麼都背在身上？我覺得自己的情緒有點問題的時候，我就會讓自己安靜。我很鼓勵每一個人做自己，但是很多人不了解「真正做自己」是什麼意思。做自己就可以無的放矢嗎？那其實是不對的，做自己不是「任性」。做自己是——你要去尊重你自己原來的聲音，做自己覺得對的事情，如果你會去傷害到別人，那就不對了。

　　我心裡擱不了事情，我要很快速地去把它完成。人要適時去放空自己，不能無時無刻在 push 自己，那只會讓你更辛苦，那結果不見得是好的。我們在嘗試堅持吃素食的時候，一定都有過來自周遭人的誘惑、挑戰的經驗，「你看是烤肉喔，要不要來一口？」當我聽到這些話的時候，其實一點感覺都沒有。「我好想吃喔，可是我不行。」我從來沒有過這樣內心的掙扎。因為，對我來說，只有我自己可以管得了我自己，別人管不了我，所以別人也誘惑不了我，除非我願意被他人誘惑。我不是因為宗教的教條才不吃肉，很多規定其實是人訂出來的，不是我們自己訂給自己的。我對於吃肉的人一點也不排斥，是我自己一點也不想要吃有生命的食物，所以不是別人跟我說：「你不可以吃肉」所以我才不吃肉，我是真心「不喜歡」吃肉。

　　我很了解我自己，真正讓我可以一直堅持自己想法的最大原因，是我對很多事情都有好奇心。我對人也是一樣有好奇心，這個人是一個什麼樣的人，這個人在想什麼，我覺得這些好奇心是保持「一直很年輕」一個很重要的方法。如果我們老得很快，就是因為我們對這世界不再好奇了。好奇心放到飲食上，就是這個食材跟另一個食材為什麼可以搭，搭在一起又會撞擊出什麼火花，再好奇一點就會去問廚師很多問題。一直受好奇心的驅使，才不會對世界失去熱情。很多人每一天好像機器人一樣做一樣的事情，上班、下班、回家就是追劇，然後隔天起來還是在做一樣的事情。但是，當我們會對周遭的人事物都感到好奇的時候，我們的生活就變得比較有趣。

　　　　　　　　　　豐蔬食

菩提心的練習

　　我去過許多國家，有一段時間我想到了就出發，對於我去過的每一個異鄉國度，都存在許多想像跟好奇。我曾經有過一次很辛苦的旅行經驗，但也是一次最美的旅行，那就是讓我感覺像在天堂一樣的西藏。很多人到了西藏會有高山症，剛好我是沒有反應的那一種人，但是那一次的旅行仍然辛苦，讓我印象深刻。我們落腳的地方方圓好幾公里都沒有人煙，我住在一個很破舊的房子裡，搖搖晃晃的窗戶擋不住一直灌進來的冬天冷風，我把自己緊緊地裹在睡袋裡，一邊抵抗寒意，一邊還要擔心會不會有小蟲子爬進我的睡袋裡。

在西藏，我可以吃的東西很少，所以我都自己帶著素泡飯，熱水一沖就可以吃。我在旅行的時候，不一定都找餐廳吃飯，每個國家的超市或傳統市場也很好逛，是當地人生活與飲食文化的縮影。我常常會選有廚房的民宿住宿，自己去買菜回民宿自己煮，不但可以省很多旅費，也很有趣。我喜歡美食跟旅行，可以嘗到許多不常見的蔬菜和水果，國外使用的香料也跟我們不一樣，旅行對我的意義，就像是味覺與心靈的多重享宴。

想嘗試改變飲食方式的時候，就像堅持做一件事，能堅持下去就是一種意志力的展現。我們的意志力可以展現在生活中其他的部分，可以改變很多事情的結果，我們可以從吃蔬食這種小事開始嘗試。

我不想要變胖，所以我會每天健身，這也是一種意志力的展現。而且，這一種意志力特別強大。我常常跟健身教練說，不要每天都讓我做一樣的器材，我會覺得很無聊。我家裡也有一條 Trx 的繩子，專門訓練核心肌群的，所以健身的器材、方式越多變的話，對我來說健身這一件事就變有趣了。我也喜歡拳擊有氧，在打拳的過程我覺得是一種發洩。我要踢腿，我要用手重擊，要有一定的速度，一刻都不停連打五十下就好了，我就喘到不行，累到不行了，我覺得是很棒的。

每一件我需要堅持下去的事，我都會把它變得有趣，這其實是做一件事能成功的最有效的方式！我覺得人應該要自由，人要絕對的自由，但是我們也要學會自制，我的生命歷程是這樣告訴我的。我曾經很成功，我也曾經跌落低谷，所以我很清楚。當我很成功的時候，我也是鮑魚、燕窩每天跟大家這樣子吃，後來我發覺這樣一點意義都沒有，我問我自己，為什麼我會這樣？

雖然，除了我自己沒有人可以管得了我。然而，我會臣服於宇宙，我會臣服於我們不知道的力量。

我們不需要臣服人，我們人要創造，創造跟臣服剛好是相反的。我們人太渺小了，宇宙太浩瀚了，我們人所知道的太少，所以要臣服於宇宙。我們不必去臣服於別人，因為每個人都有缺點、問題跟功課，沒有人可以是完人、聖人甚至神人，被

任何人臣服。至少，這在我身上是行不通的。

當我們走在路上，看到一個人，我們覺得他很辛苦，特別辛苦，我們就開始在心中深深地吸一口氣，想像那一口氣就是他身上不好的氣，我們把他吸進來，然後吐出去一個好的氣給他，我們不斷地反覆練習，希望他能夠很順遂、很平安，那就是一種菩提心的練習。

我們開始去想像，開始去練習我們的呼吸，開始去做這樣的練習，我們的菩提心就會展開，久了以後就會發現，自己好像更能理解同理心這一件事情，我們不再覺得對方不關我們的事，事實上我們跟他其實是一樣的。人心是一個海綿，我們吸收了，我們也會釋放，然後海綿會越來越大，我們承受眾生的苦越多，就越能體會這個力量，然後我們會成為這個力量。這是每一個人都有的能力，只是我們遺忘了。請記得，我們是芸芸眾生，芸芸眾生就是我們。

Chapter 2

美食的旅程，蔬食新發現

　　我平常會為了美食，而去尋找蔬食餐廳；這次因為這本書，特別去了解每一餐美食的背後，原來都有著對土地，對人生堅持的理念在支持著，才讓他們走出一條和別人不一樣的道路。這條道路都是從土地友善的熱情開始，用勇氣和堅持灌溉養分，讓自己的人生和別人的生命，有了善念的連結，而別具意義。

用愛串連起食物
和人的童樂燴

　　在臺東參與「童樂燴之不葷煮藝預約料理」的經驗是特別的。這私廚的經營，緣由於 2012 年一群人，在臺北的淡水有塊實驗耕地，開始有固定的夥伴參與，也會有志工們前來照顧。大家彼此會一起討論耕作方式，也一起煮飯吃飯。所以就用「共農共食」的名義申請了臉書粉絲專頁，也讓農作物的收成，在網路上販售。不施肥料、不灑農藥、自家採種、人工除草。釀、曬、漬、養、做，皆是親手……「童樂燴」這樣的私廚經營、耕作概念、生活模式，是為了讓人多點理解、多點選擇。也是為了環境能被重視、被看見、被善用。

　　當天吃到的豐盛，至今令人難忘。第一道，天然發酵氣泡飲佐蜜脆果肉。採用自家耕作無農藥無肥料的洛神，加上香水檸檬汁與巴西有機二砂糖一同去發酵，過程中耗時 14 至 21 天。最後 3 至 5 天，使用氣密瓶的方式發酵將發酵的氣體保留在瓶內，最後融入液體中產生氣體。此氣體是天然發酵產生氣體的氣泡感，並非打氣進去的，有別於碳酸飲料，一點也不傷腸胃，還可以幫助消化及排便順暢。背後的故事令人窩心，是曾樂天為了另一半胃有狀況，卻喜愛喝飲料，特別做了天然

發酵氣泡飲，「胃礙而飲，為愛而癮」這是一杯充滿愛的飲品。

　　第二道，山林裡的野味香料佛卡夏。使用紫糯米與巴西有機二砂糖起種出來的天然穀種酵母，自家酵母加上芬蘭有機無漂白麵粉與日曬薑黃粉，和白米配上玫瑰岩鹽發酵的鹽麴去揉製出來的麵團，再採野莧、川七、赤道櫻草、龍葵，透過初榨橄欖油去油漬香料：迷迭香、奧勒岡、三種品種的百里香、臺灣本土野生小番茄，一同加入發酵的麵團裡所烤製出來的佛卡夏，香氣迷人。

　　第三道，馬鈴薯濃湯。以馬鈴薯加上關山婆婆種的友善耕作白花椰菜去熬煮的濃湯，最後淋上自家用天然發酵奶油以及乾炒芬蘭有機麵粉所熬煮出來的白醬，兩者混在一起所煮出來的濃湯，最後再用發酵的鹽麴調味，味道濃郁甜美。

　　第四道，田園裡的鮮採脆甜沙拉菜。有生菜、臺灣本土洋蔥、甜菜根，以及關山阿姨自己用無農藥配上酵素栽培出來的番茄，佐上自耕作物熬煮的果醬，加上有機烏醋、初榨橄欖油、自家發酵醬料調和出醬汁來搭配沙拉，每口都是滿溢的自然與清新。

　　第五道，千層麵。用臺東部落大哥所種植的友善耕作牛番茄去熬煮出來的醬汁，搭配臺東一起豆腐坊的有機豆乾與鹿野阿姨栽種的醜豆，飽足感和風味兼具。第六道，綜合口味披薩。有泰式咖哩、鹽麴松露、麴醬味噌三種口味。麵皮以自家酵母加上芬蘭有機無漂白麵粉與薑黃粉，和白米配上玫瑰岩鹽發酵的鹽麴去揉製出來的麵團，勝過市面上的蔬食披薩。

　　第七道，冰淇淋。天然的鮮奶油，加上初鹿牧場的煉乳，配上公平貿易有機巧克力與自家綠薄荷，味道清爽不膩。第八道，奶茶。用的是臺東鹿野在地的有機茶葉、初鹿鮮奶茶與有機黑糖，味道醇厚，回味無窮。每一道都能吃到自然，與對地球滿滿的愛，用餐過程也體會到人與人之間真誠的交流，是令人難忘的經驗。

　　「童樂燴」是預約私廚料理，每次來吃都不一樣，依照食節、時令做菜。田裡採收什麼，鄰居種了什麼去做料理，也會依客人的需求做調整，是客製化的無菜單私廚料理。這次的經驗是一期一會，下次吃的，將是完全不同的體驗！

靜心觀照，問心之臭

　　位於台東的「問臭」，是獨樹一格的懷石臭豆腐料理。外觀的花草植栽，與大大的一個「臭」字，讓人很好奇，這兩者衝突，到底是怎樣的一家食堂？進入屋內，彷彿墜入了夢境，梁柱和燈具上，披掛著黃金扁柏樹枝，餐具下墊著海葡萄樹葉，扶桑花、萬壽菊等花草鋪滿在餐桌上，搭配恍惚的燈光與輕鬆的身心靈音樂，是老闆阿棠的精心設計，不禁令人期待接下來會有如何的奇妙體驗。

　　第一道是如藝術品般的臭麵包佐野菜與臭沙拉。臭麵包上有少許的皮蛋提味，是唯一的蛋奶素料理。這道擺盤上的美麗花朵都是有機的，皆可食用。接下來的臭生魚片，也讓人驚艷。阿棠不介紹菜，要我們安靜品味，猜猜每塊豆腐上，搭配

的是什麼食材。後來他也不揭曉答案，重點不是誰猜了出來，而是每個人在過程裡感受到什麼，有沒有靜下心來好好吃飯。

第三道焗烤臭豆腐，味道濃郁，很像起司的口感，搭配蔓越莓與青提子，酸甜清爽，卻和臭豆腐毫無違和感，滋味特別。中間上了野百香果汁，中和了前幾道菜的味道，讓味蕾準備迎接下一道饗宴。

主菜臭義大利麵，上面藍色的蝶豆花，像隻蝴蝶停在義大利麵上，格外優雅，亦可食用。義大利麵與臭豆腐的結合味道一絕，與盤周的水果搭配，味道清爽，份量也很夠。之後是清澈的桂花洛神熱湯，生津解膩。最後是臭蛋糕，味道像藍起司，口感綿密，雖是臭豆腐但滋味清甜……最後再來杯碳焙茶，為神奇的體驗畫下美好句點。

阿棠是屏東人，前幾年來到台東，愛上了海，便選擇在此落腳。為什麼選擇臭豆腐做料理的主軸，他說是人生經驗，靜心觀照，問心之臭，是一種個人的對話，也是與顧客的分享。緣自出家師父傳授古法釀造的臭豆腐，落腳都蘭山中，採取紅根野莧菜置入陶甕，在山林嵐氣夜露中，緩慢低溫下自然發酵而生臭菌，夏天需四天三夜，冬天要七天六夜。豆腐在山上釀成，再下山分享，獨創一絕之臭滋味。

阿棠說他自己是逐臭之夫，客人也是。酸甜苦辣鹹，獨少一味臭，所以他要做。台東很多藝術家，他說他的料理也是藝術，這頓饗宴從早到晚忙了一整天，桌上與餐盤中的花卉都是食堂宅外摘來，希望每個人用完餐後，都能含笑而去。這場體驗也是精神性的，與自然萬物共存共享，歡迎大家來「問臭」夢一場。

用醬油發光，讓雲林被看見

　　「御鼎興柴燒黑豆醬油」創始於 1958 年，在西螺已歷經三代，六十年間，「御鼎興」堅持麴菌自然發酵，使用紅甕並經過六個月以上的日晒釀造，最後以柴火熬煮醬油。其實早在六十年前，古法手作是再平常不過的事，但如今全台灣還堅持傳統的醬廠已為數不多，也許可以換個方向思考，在這個講求效率的年代裡，「慢」儼然成為了一種創新。

　　曾經一整年只賣一鍋醬油，「御鼎興」的上一代必需做其它工作，才可維持家庭開支與延續黑豆醬油產業。到現在，第三代接棒，除了持續推廣黑豆醬油文化外，身處雲林，同時對於農業也相當關注，除了長時間與臺灣農民契作無毒黑豆，支持國產雜糧的理念外，更投入雲林食通信的編輯，舉辦食農教育，而飛雀餐桌行動就是這樣開始的。

　　飛雀餐桌行動最一開始的連結其實是在 2017 年，因為市場縮小與台灣各個小間醬油品牌的興起，「御鼎興」的銷售面臨到嚴峻的挑戰，一方面是通路不容易取得，消費者買不到及運費問題，「御鼎興」與消費者的距離越來越遠。從 2012 年到 2016 年間，消費者為了了解醬油，都是親自拜訪，「御鼎興」必需創造新的事物吸引顧客再次登門。當時他們想，做

成料理是一件最快的事，所以 2017 年初的時候，便開始設計
與研發醬油相關料理，也在臉書上宣傳，但效果不好。後來
辦理飛雀餐桌，從一顆黑豆到一瓶醬油，再從一瓶醬油到一
道料理，完整醬油的旅程。飛雀餐桌行動當時只是為了推廣
柴燒醬油的一個企劃，如今的連結與發展，已自成一個品牌。

　　飛雀餐桌行動又叫 future dining table，future 諧音中文的
「飛雀」。每個月舉辦一場飛雀餐桌行動，每場邀請不同專業
領域講者討論農業相關議題、地方創生與地域復興。從 2017
年的 11 月開始，由御鼎興發起，連結雲林在地業者，發想並
創造出各式「全醬油蔬食料理」餐桌。除了推廣西螺製醬文
化、醬油美學外，也把雲林的風土帶給大家。

「食材是媒介，人才是主角」。在餐會上，用料理交流，引發討論，聚焦農業現況，試著找出解決方法，以對話方式，凝聚共識，激盪出各種火花。當天吃到了醬油雪菜炒飯、醬油剝皮辣椒筍子湯、南瓜米粉、白花椰杏鮑菇焗烤、蔬食茶鵝、糖心蛋、台東紅烏龍起士蛋糕……道道精彩，美味至極，都是出自醬油媽（西式、甜點的部分都是哥哥做的）的手藝。

　　飛雀餐桌最有特色的部分，是「全醬油的蔬食料理」，因為「御鼎興」自家生產醬油，新一代開始研發醬油相關料理。家人吃素，所以在飛雀餐桌上的料理，也都以蔬食為主，創造屬於雲林西螺「醬人的菜單」。菜色的發想，因應在地的風土、時事、季節、節氣等等，亦或是在生活當中找靈感，接觸新的飲食方式而有所變化，最常使用的手法會以西式的思維去處理雲林在地的物產。產生西式台味、日式台味的創意菜色。飛雀餐桌最終目的其實重點在於「地域復興」，意思就是讓「雲林被看見」，透過持續做飛雀餐桌，讓外縣市的人及本地人知道，原來雲林有一群人，正在透過行動讓大家認識雲林，或許年輕人會更願意回到雲林一起努力。飛雀餐桌傳達醬油美學的想法、品牌核心價值、生活態度。

　　每個月一場次的飛雀餐桌一直以來在地方默默的努力著，也開始與地方場域連結，與西螺有更深的交流，另外，餐桌的形式未來也會有更多元的方式，除了餐會外，也會以料理示範，美食俱樂部的方式呈現。未來還會發行「飛雀誌」地方形雜誌。期待「御鼎興醬油」被更多台灣人看到，更希望臺灣醬油被世界看見，懷抱這般的理念，「御鼎興」與同業保持密切聯繫，彼此交流釀造技術，在大家的努力下，目前將近有 20 家醬廠、1 家豆農與 2 家的學術單位，將聯合創立臺灣傳統釀造文化發展協會，發展出屬於台灣的醬油風味評鑑表，期待聯合大家的力量，讓臺灣醬油在世界發光！

嘉義很美，只是缺少發現

　　18歲高中畢業即將離「家」求學的兩個年輕人憲哥與Miva，給了自己一個爭取「回嘉」努力的目標：「開一家鍛鍊自己『回嘉生活』的咖啡館」。成長在這全台灣最小的城市，大家對它的迷思：狹小的生活土地、人口老化、無趣單調的生活……嘉義的年輕人離開嘉義，是最矛盾的成長歷程，因為自己也無法說服自己這些離開嘉義的原因是合理的。身邊的長輩們因為不得不照顧家鄉老小，而回嘉遷就一份維生的工作，整個城市的人們都在跟這城市要東西，抱怨它給的機會、資源太少，而忘記了是自己只懂的要，忘了為它付出。所以，離嘉求學的兩個年輕人，回嘉義開了「MimicoCafé 秘密客咖啡館」。

　　回嘉的路，不遠，只是需要一顆堅定的心去努力，想像為嘉義付出與讓它發光。十年前，若有人說要回嘉創業、就業，所有人都會問：「你沒有競爭力嗎？為什麼要窩在這個小地方？這裡能給你什麼？」而十年後的現在，大家會說：「回

豐蔬食

嘉挺好的！你看現在這麼多年輕人陸續回來，而且感覺還不錯。」從只有一碗雞肉飯停留的時間，到現在願意留下來好好欣賞這個城市的美好，是許多人的努力。一路走來，學會「一定要堅持自己的樣子！」

　　每一個人都有自己「回嘉」的原因，放大自己可以做好的價值，專注做好每一件事，就會成為這城市的能量，與城市一起生活學習。

　　這裡的雷夢黑搖滾，從濃縮咖啡急速冷卻的香氣到與氣泡水融合，再加入自己喜好酸度的新鮮檸檬汁，讓三種層次的香氣，在品味的過程中一層一層發散。

　　咖啡想牛奶，經長時間熬煮的台灣紅豆，搭配義式濃縮咖啡，隨心所欲地倒入牛奶，是專屬於你的思念咖啡。寶香夫人，是一款有辣度的三明治，由寶香媽媽手作的辣椒，搭配起司與水煮蛋，是媽媽用心堆疊幸福滋味。焦糖鹽岩磅蛋糕鹹甜綿密的口感，讓紮實的磅蛋糕有著焦糖的香、核桃的脆、飽滿的蛋糕體帶來入口滿足的豐富滋味。

　　秘密客團隊從別人給予的幫忙與支持，得到了愛的成長，再分享給所有相遇的人。在聖誕節、過年時參與里長的溫暖回饋，讓低收入家庭的孩子，實現每天回家途中期盼走進秘密

客咖啡館吃甜點的小小願望。他們走進了養老院陪老人家吃甜點，唱歌過年，讓秘密客團隊的每一個成員更深刻體會「知足與珍惜」。「秘密客咖啡館」更實踐了「初一十五的平安咖啡」分享行動，在廟前的廣場，老鄰居奶奶手工做的小點心、年輕人煮的黑咖啡，作伴彼此關懷的分享，讓人們一起找回廟前彼此關心、互相交流，敦親睦鄰回憶。

　　「MimicoCafé 秘密客咖啡館」用「一杯咖啡的相遇」，打破「只有一碗雞肉飯的停留時間」邀請每個人用緩慢的頻率，探索這溫暖又熱情的城市。「嘉義很美，只是缺少發現」它們默默努力在這城市裡，期待每一個相遇，發現這城市的美麗。隨時歡迎回嘉！

每一口料理都是幸福

　　經營者 Jennifer 從 1990 年開始成為蔬食者，已有很長一段時間，當時在國外念書，也很喜歡國外的蔬食型態。返回台灣後，發現素食總是與宗教有關，口味單一，所以想著何不自己來做蔬食。多年前因緣際會下開起了蔬食餐廳，開創了台灣西式蔬食風潮；後來與合作夥伴理念不合而離開。財務背景的她，幫忙家中事業的稅務工作，做久了覺得枯燥乏味，發現自己對於蔬食仍懷有熱情，所以又開始做起了蔬食料理。回想當初為何吃素，是因為高中時期看了動保議題相關紀錄片，覺得動物何辜，不忍心之下便開始吃素直到現在。在過程裡發現蔬食的好，所以更想把這樣好的理念推廣出去，讓更多人享受蔬食。把國外的蔬食理念帶回來，自己喜歡吃的，也希望分享給別人。

豐蔬食

過去成功過，離開了，又再回來，Jennifer 說，很簡單，就是做想做的事。她也不諱言重新來過是給自己一個療癒的機會，跟過去和解。之前離開自己最愛的蔬食餐廳，也曾自我否定；現在能再做蔬食，還能與人分享，是很幸運又幸福的一件事。一道道料理，每一口，也吃進幸福。預約制的私廚，為客人量身訂作。一開始的新鮮蔬果汁，甜菜根，加了薑、蘋果汁與黃檸檬，去除了甜菜根原有的苦味，為味蕾打開美好開端。

　　一開始是中東料理：酥炸起司番茄球、中東開口笑（Falafel）佐羽衣甘藍佐鷹嘴豆優格醬、酒香野菇義大利麵、檸檬冰飲。羽衣甘藍以按摩處理，揉碎較硬的葉脈，加上鷹嘴豆、中東芝麻醬與優格，風格有別於一般沙拉，加上中東式的 Falafel，異國風情滿滿。酒香野菇義大利麵，香菇、杏鮑菇、袖珍菇三種菇類入菜，義大利麵麵體硬度純正，散發白酒香氣，滋味迷人。

　　中段的餐點是日式：煙燻明太子山藥、玉子燒、蔬食味噌芝麻拉麵配溏心蛋、香茅飲。煙燻明太子以番茄、洋蔥、蒜、辣椒、紅甜椒做成，放在日本山藥上，應允了 Jennifer 所說，讓葷食者也喜歡，這道值得推薦。蔬食味噌芝麻拉麵講究，洋蔥與蒜先烤過，打成泥，兌味噌熬成湯頭，味道濃郁道地；溏心蛋蛋黃如凝脂，溢酒香，雖是配菜卻一樣精彩。後段是青青木瓜沙拉、馬來西亞叻薩，與甜點提拉米蘇。馬來西亞叻薩濃濃南洋風味，配上新鮮蔬菜，濃厚不失清爽。

　　最後來杯西西里咖啡，檸檬清新與咖啡風味，為環遊世界般的味蕾之旅，畫下美好句點。我們交流，分享對蔬食料理的想法。遇到同為蔬食愛好者，總是開心。分享，真的是很幸運又幸福的一件事。

Chapter

3

「豐蔬食」主觀星評鑑指南

有機會應該試試 ☆☆☆
值得去好好品嘗 ★☆☆
味蕾的美好記憶 ★★☆
此生必吃的美食 ★★★

與其侃侃而談蔬食的好處，不如回到舌尖讓人各自感受！

在這二十年的蔬食歷程，大大小小的品嘗經驗，沒有一千也有五百，自己的味蕾已訓練到能分辨酸甜苦辣，各自層次的表現，以及人工與自然調味的分別。

在我分享的美食經驗裡，許多朋友最想知道的是，哪裡可以吃到好吃的蔬食？這幾年米其林的風潮也吹到台灣，讓許多人能有一些依據，照著指南吃就對了。但可惜的是，吃蔬食的人常常是瞎子摸象，只能不斷的在踩雷的經驗中，找到自己舌尖上的熟悉。

而「吃」，本來就是主觀的，決定用「豐蔬食主觀星評鑑指南」時，我刻意地加上「主觀」兩個字，是個人對於「吃」要做成評鑑推薦，在每個人口味的感受不同下該給予的尊重。同時，我也找了一位同是蔬食者，和兩位葷食者，一起用秘密客的形式去吃遍從高級餐廳，到街邊攤等……百家店家，是經過密集討論而做出的推薦。（更多的踩雷店就不放入）

我對蔬食的觀念不在一般的宗教嚴格素裡，所以我們都會特別標注餐廳裡可以提供的素食類別，包括葷素共食的餐廳，也會在我們推薦的名單。我鼓勵大家可以嘗試蔬食生活，但不要因此而疏離了人際關係，所以對蔬食友善的葷食餐廳，提供一個可以讓蔬食和葷食共同用餐的環境，我覺得也是應該要被鼓勵的選項之一。

在眾多我們吃過的餐廳，首先我們會先篩選掉大部分不符合資格的店家。然後，針對中式，西式，日式，異國料理，街邊店，咖啡，冰品……等類別依序區分討論。

希望這份推薦，能成為讀者選擇蔬食的最佳指南。

素食的類別

全素（嚴格素）：指食用不含奶蛋，也不含蔥、蒜、韭、蕎菜及興蕖等五辛或洋蔥的純植物性食品。

蛋素：以全素或純素為原則，但可接受蛋製品。

奶素：以全素或純素為原則，但可接受奶製品。

奶蛋素：以全素或純素為原則，但可接受奶、蛋製品。

植物五辛素：指食用植物性食物，但可含五辛或奶蛋。

維根（Vegan）：植物性食物各種辛香料都吃，但完全摒除動物成分製品，不只不吃蛋奶、乳製品，也不吃蜂蜜。

1 食尚

── 在陽明春天 心五藝文創園區 ──
我推薦無菜單創意蔬食料理

味蕾的美好記憶 ★★☆

#日本山藥作成細麵　#手工胡麻豆腐　#白花鮮蔬
#御品煎猴排　#山泉現沖豆花　#餐桌上的文創

　　「陽明春天」是創辦人陳健宏先生，在一個偶然機緣啟發下起心轉念，將個人原有餐飲版圖全數歸零，思考如何透過餐飲改變對生命及世界態度，而成立的蔬食餐廳。提供無菜單創意蔬食料理，嚴選食材，養身不殺生，致力於蔬食文創推廣，由蔬食生活型態，進而思考人們與環境的和諧相處，和內心自我的對話。除了料理，也以「蔬食養身，文明養心」，以生活結合藝術為起點，導入茶文化、藝術人文等元素，將陽明山總店透過食藝、茶藝、綠藝、文藝、創藝升級為「心五藝文創園區」，來用餐，也可喝茶、遊園觀景、看藝術，是一種全方位的蔬食體驗。

　　「陽明春天」提供無菜單創意蔬食料理，他們的菜單很精緻，現場毛筆寫成。前菜有日本山藥作成細麵，足見刀工；手工胡麻豆腐，上面是以分子料理手法製成的醬油晶球，讓人唇齒留香；白花鮮蔬，以米漿製成如花的容器，盛有碧玉筍、鳳眼果，搭配素食的 XO 醬，彷彿吃進一口春天；御品煎猴排，生煎頂級猴頭菇佐主廚特調黑胡椒磨菇醬，一刀切下飽滿多汁的猴頭菇，芳香四溢，意猶未盡。最後的山泉現沖豆花，還要以沙漏計時三次，頗有逸趣，味道自然甜美。

　　會特別提到「陽明春天」，是因為我對這裡有個小小遺憾。幾年前，曾帶吳克群的母親到「陽明春天」忠孝店用餐，吳母非常喜歡，那時有承諾下次有機會，會帶她到「陽明春天」總店陽明店用餐，因為陽明店環境很好。後來吳母生病住院，我探病時為她打氣，希望她早日康復，實現帶她到山上用餐的諾言。不過很可惜，這個諾言還沒實現，吳母就離開這個世界了。來這裡用餐，我總會想起這件事。

陽明春天 心五藝文創園區

📍台北市士林區菁山路 119-1 號　📞02-28620178(9)　🍃全素／蛋奶素

2 重現食物的記憶

—— 在北平金廚 ——
我推薦絲瓜湯包

味蕾的美好記憶 ★ ★ ☆

#大餅捲時蔬　#合菜帶帽　#蛋絲拉皮
#山東白菜砂鍋　#紅豆沙鍋餅　#三代共食

「北平金廚」是家已在天母深耕二十多年之久，以經典的北方菜為主，穿插大陸各省名菜為輔的中餐廳。原本只是一般葷食餐廳，但老闆娘朱曼玲十年前開始信佛吃素，基於對生命的尊重，開始將原本的招牌北方菜料理由葷轉素。一開始雖然流失許多老客人，但在她對素食信念的堅持下，把北平料理以創意素料理手法重新讓新客人讚不絕口，連原本吃葷食的老客人也陸續回頭，讓人很難想像大多來用餐的饕客，竟然很多都不是素食者。

　　招牌的「絲瓜湯包」以新鮮清甜的絲瓜，和蔬菜切丁而成的餡料，在過蒸後完全鎖住輕薄的麵皮裡，輕咬一口就會讓甜美的精華湯汁溢出，讓人驚喜。「大餅捲時蔬」是一道非常經典的北方菜，酥脆的餅皮包覆著清脆的小黃瓜、香脆的油條跟嫩排。能吃得出不同口感的美味，咀嚼中讓人根本忘了有吃素的感覺。

　　「合菜帶帽」在中國北方大家都稱他為「炒合菜」。是以冬粉為主，把豆芽、豆干、木耳和青菜等翻炒，最後在上面戴上用蛋製的帽型蛋皮，整體口味層次清楚又很有飽足感。「蛋絲拉皮」是利用蛋絲和小黃瓜搭配當日製作的綠豆粉皮，然後淋上特調的芝麻醬，和以山葵醬取代了蒜醬，更多一分清香。它的消暑Q彈的滋味和口感，讓我從以前一到夏天就會很想念，沒想到這份想念可以在這裡，完全重現這份滿足感。

　　「山東白菜砂鍋」是他們出的砂鍋料理，以山東大白菜、豆腐、筍片、素排骨等等蔬食材料去燉煮。以豐富的鍋料和鮮甜的湯頭，讓人吃的非常飽滿，是很適合來北平金廚和家人一起共享的砂鍋料理。「紅豆沙鍋餅」是北平菜裡非常著名的甜點。用現烤的麵皮、香甜而不膩的紅豆泥，以及餅皮滿滿的的芝麻，呈現出外脆內軟的口感，是一道飯後吃的甜點料理。

　　在「北平金廚」這裡能吃到非常道地的北平菜，以葷食口感的角度去烹煮的料理，不只得到素食者的青睞，也能讓一般的葷食者都垂涎三尺。

北平金廚

📍 台北市士林區天母西路 38 巷 3 號　📞 02-28738680

🍃 全素／蛋奶素

3 以食養生

—— 在梅門食踐堂 ——
我推薦一番豆腐湯麵

味蕾的美好記憶 ★ ★ ☆
通透炒米粉　# 整飩一番　# 糯米腸

「梅門食踐堂」是由臺灣著名的氣功大師「李鳳山師父」所經營的素食餐館。不管是對於養生料理的烹煮，還是選用的食材，都和他的武功流派一樣，以紮實沉穩的方式表現。為的是希望每一位客人，能從養生的蔬食中，得到安定心靈以及強化身體的功能。他們用「細緻入微的刀工」，以及「單純適切的火侯」去烹調出熟軟通透的境界。

在台北，梅門總共在四個地方開設據點，分別是「梅門食踐堂」、「西門的梅門防空洞」、「梅門明茶閣坊」、「梅門六調通」。他們每家餐廳的內容各有特色，有的專賣正餐，有的以東方茶及甜點為主，而食養生的元素卻是四家的共通核心。讓「梅門」的料理在養生蔬食的飲食型態裡佔了一席之地。

「一番豆腐湯麵」是他們的經典菜。經過 5 個小時燉煮約番茄，在無添加任何調味料下，卻能清甜無比，每一口都是長時間燉出的精華；再搭精準刀工切出的麵條，一碗豆腐湯麵就能讓你感受身心靈的平靜。

「通透炒米粉」看似平凡熟悉的炒米粉，吃起來口感卻是十分獨特。它所使用的材料，和一般外面做的炒米粉雖然都大致相同（豆芽菜、黑木耳、紅蘿蔔等等），但是他因為不添加額外的調味料，以慢火的功夫讓蔬菜的湯汁吸覆到米粉裡，讓整體的口感一點也不乾澀油膩，反而吃得出蔬菜的新鮮味以及米粉的濕潤感。

「餛飩一番」以黏性彈牙的表皮搭配豐富的內餡，讓嘴裡蔓延開來的餛飩香氣，能在唇齒間停留而記憶。「糯米腸」則是藉由薄薄的一層豆皮經過文火煎製，再包入和花生拌炒過的米粒，直接鎖住花生的香氣，和米粒的彈性。在調味上仍以少油、少鹽、少糖的養身理念下烹調，讓食物原有的滋味，不會因為手工的再製而消失。

「梅門食踐堂」自創流派的烹調功夫，去讓每一位客人吃到食味的精華，透過養身料理的理念，傳承中華美食養身文化的精隨，落實在現代的飲食習慣環境上。

梅門食踐堂

📍 台北市信義區松仁路 28 號 B2 樓　📞 02-87292734　🍃 全素

4 米其林必比登推薦川味素食

—— 在祥和蔬食料理 ——
我推薦回鍋素肉

值得去好好品嘗 ★ ☆ ☆

#夫妻肺片　#蓉城口水雞　#塔香脆腸
#松露炒飯　#檳榔花

　　現在的蔬食變化比起以前多很多，不僅僅訴求清淡，像是「祥和」做的川味蔬食就是一種變化。年輕的時候不吃辣，後來學會了吃辣，而且愛上辣味，每隔一段時間就會想吃口味比較重一點的。像是杏鮑菇也有很多種料理方式，總是把它當作沙拉來吃口味就很單一，做成椒鹽杏鮑菇，或做成麻辣杏鮑菇，口感、味道都變得有趣許多。

　　「祥和」是全臺首家四川風味的素食餐廳，菜色多元，所有餐點皆為不含五辛的宗教素，能做到重口味，比葷食還美味，真的很不簡單。夫妻肺片、蓉城口水雞、回鍋素肉，這類仿葷料理，素材是自製，成分多為大豆蛋白、小麥，風味獨特，尤以回鍋素肉還加上蒟蒻製造出肥肉與瘦肉的層次感，口感了得。塔香脆腸，杏鮑菇以手工切成薄片，處理成脆腸口感，是手工菜。也很推薦松露炒飯，粒粒分明，味道濃郁，再炒一盤檳榔花，適合下飯。

　　以往吃的是鎮江店本店，最近試了慶城店。大概近幾年吃了清淡些，「祥和」的四川菜做得道地，但對我來說有些油膩。不過喜歡重口味與川菜的朋友，「祥和」是非常適合聚餐的蔬食餐廳。

祥和蔬食料理
📍 台北市南京東路三段 303 巷 7 弄 7 號　📞 02-25466188　🍃 全素／蛋奶素

5 食在養心

── 在養心茶樓蔬食飲茶 ──
我推薦蔬食港點

值得去好好品嘗 ★☆☆

#蘿蔔絲酥餅　#蜜汁叉燒包　#絲瓜小籠包　#養心實在

「養心茶樓」結合了老闆娘的素食品味和老闆的飲茶興趣，於 2013 年在台北市中山區開業，是台北第一家蔬食港式餐廳，匯集了五星飯店具精湛廚藝的數十名廚師，從中華美食各大菜系及外國料理中汲取創作靈感，轉化成一道道令人驚豔的料理。「養心茶樓」菜色多樣變化、選用在地新鮮食材、少用加工素料、少油、低糖、少鹽，注重食安，在喧囂的台北市區提供了一方乾淨明亮、令人安心自在的飲食空間。

　　蔬食港點推薦蘿蔔絲酥餅、蜜汁叉燒包、牛肝蕈南瓜果、翠玉燒賣、田園蔬菜餃、雪菜煎薄餅、炸兩腸粉、薺菜焗燒餅、絲瓜小籠包、黃金流沙包等。蘿蔔絲酥餅酥脆層次比例拿捏得宜，內餡的蘿蔔絲清甜芬芳，一口咬下外酥內鮮，是人氣必點。蜜汁叉燒包以新鮮蕃茄及西芹蠔油汁小火慢炒成叉燒醬汁與素叉燒為內餡，發出陣陣叉燒香，搭配包體鬆軟可口。絲瓜小籠包以薄皮手工捏製，內餡填滿澎湖角瓜，入口天然清甜的滋味，格外清新爽口。黃金流沙包內餡以椰漿、鹹蛋黃及起司融合而成，一撥開香濃內餡流瀉而出，真材實料不勾芡，是不甜膩的精華美味！

　　「養心茶樓」顛覆了一般人對素食的刻板印象，開創出精緻、時尚又美味的蔬食港式飲茶新菜系。

養心茶樓蔬食飲茶

📍台北市中山區松江路 128 號 2 樓　📞02-25428828　🥄全素／蛋奶素

6 食材源自大地恩惠

有機會應該試試 ☆ ☆ ☆

御膳養生鍋　# 麻油桂圓蛋　# 深耕在地

　　「卓也小屋」以保留食物的真實原味為前提，追求健康好風味。美味的佳餚來自使用有溯源管理認證小農的農產品：雲林玉米、南瓜、高麗菜，南投有機金針，桃園無農藥，無重金屬水耕蔬菜及 VDS 活力東勢胡蘿蔔汁等。其中誠品信義店更透過產銷履歷制度，讓消費者對來源可以追溯，打造安心飲食的環境。餐廳內匯集自然、有機食材，結合在地小農與有產銷履歷之食材，變化出清爽美味的創意蔬食。「卓也小屋」提倡蔬食餐飲，健康養身，餐點顏色也繽紛，天然染材，純粹上色，發揮餐點的色、香、味，吃一席清安自在。

　　「卓也小屋」透過食材讓臺灣每個縣市鄉鎮的農特產品都鮮活起來，在苗栗縣三義鄉也有度假園區，餐食或下午茶，春淋桐花、夏聽蛙鳴、秋賞楓紅、冬迷霧語，四季不同美麗，各有慢活風情。在台北時，我常去「卓也小屋」誠品信義店，推薦卓也七彩刈包，顏色天然可食，藍色是青黛、紅色是甜菜根、黃色是薑黃，視覺滿分；御膳養生鍋可以吃到時令小農蔬菜，高麗菜乾很少有機會吃到，可以在此嘗鮮；麻油桂圓蛋，芳香美味，有菜脯蛋的口感，但味道更高雅細緻。「卓也小屋」有單點和套餐，選擇多元，料理創新，吃得健康又安心。

卓也小屋誠品信義店

📍台北市信義區松高路 11 號 4 樓　📞02-27228853　🥢全素／奶素

7 一蔬一世界

────── 在空也素麵食 ──────
我推薦麻油麵

有機會應該試試 ☆☆☆

#素花滿福餃　#麻辣麵　#川味涼粉
#清蒸臭豆腐　#滷紫米　#在地食蔬

「空也素麵食」以素食麵食、餃子、小點為主，裝潢大量使用木質建材，整體設計以東方日式禪意為基調，空間明亮舒適，有別於我們印象中的中式麵食館。它的麵食我都很推薦，很多人會吃它的麻油麵，底下有冰花的素花滿福餃；想吃口味重一點，我也推薦它的麻辣麵、川味涼粉、清蒸臭豆腐、滷紫米血。它的辣味輕重可選擇，但層次較單一不麻，怕辣又想嘗試重口味的朋友，現場提供的糙米茶我覺得可中和辣度。

　　「空也素麵食」環境、食物整體來說，表現都在水準之上。我喜歡它乾淨寬敞的感覺，可以很優雅地吃麵食。它的價格也平實，一個人來吃或聚餐都不錯。除了冷 Q 蕎麥麵是蛋奶素之外，其他都是全素，是素食人士適合用餐的地方。

空也素麵食

📍 台中市西屯區朝富五街 10 號　📞 04-22523722　🍴 全素／蛋奶素

8 讓人無法拒絕的好味道

───── 在 SMAN 十麵 ─────
在 SMAN 十麵
我推薦招牌紅燒牛若麵

值得去好好品嘗 ★☆☆
#南洋叻沙手打麵　#陝西油潑條帶麵　#經典十麵

「SMAN 十麵」販售亞洲經典麵食、小菜點心，以十碗世界特色麵為主打菜色，每碗麵都來自不同地區：泰國、日本、韓國、越南、陝西、蘭州、星馬、台灣……讓人邊吃邊環遊世界，嘗到濃濃異國風情，每碗都是獨特的在地美味。「SMAN 十麵」的經營理念與精神明確，用餐環境與服務流程也很好，價格合理。麵體為自製研發，精選小麥與獨門比例讓麵 Q 彈有勁，滿足食麵口感；湯頭皆精心熬煮，以豐富的蔬果搭配秘製香料進行熬煮燉湯，讓特色風味與食材原味完美融合。

　　提供全蔬食料理是 SMAN 十麵的一大堅持，希望一同以蔬食善待環境，人人都能體驗蔬食美好。推薦招牌紅燒牛若麵，湯頭精選多樣漢方植物與辛香料，用神秘比例炒製成熟悉的家常紅燒味，吸滿湯汁的厚切猴頭菇口感紮實，讓人回味；南洋叻沙手打麵，叻沙以高麗菜為基底，搭配香茅、薑黃和多種南洋香料一同翻炒熬煮，忠實呈現南洋風味；陝西油潑條帶麵以不同香草和椒粉調合出專屬辣粉，上桌前淋上熱油嗆出辣粉香氣，喜歡吃辣的朋友不能錯過！「SMAN 十麵」除了餐點美味，服務也非常貼心，目前只有高雄有，希望全台多開幾家，讓蔬食者有更多選擇！

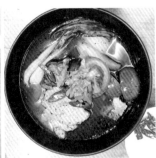

SMAN 十麵

📍 高雄市鼓山區美術東二路 436 號　📞 07-5557566　🍃 全素／蛋奶素

9 真正「舒服」的好滋味

—— 在舒食男孩 ——
我推薦無菜單的套餐

味蕾的美好記憶 ★★☆
火龍果炒飯　# 甜菜根鳳梨　# 水果茶
產地自製　# 創意蔬果美食

　　七年前，原本在林務局工作的黃先生，因為當時就讀國中的孩子，回家跟他說了一句話「爸爸，我們一起吃素救地球好嗎？」從此，夫妻就動心起念，從台東關山開始了第一家的「舒食男孩」，然後再到現在的池上店。夫妻原本都不是吃素的，所以在開「舒食男孩」時，就從吃葷者的角度研究，怎麼樣的蔬食才會讓一般不吃素的客人，也會喜歡呢？

　　首先，不用加工製品，也減少食用油，但又要看起來能色香味俱全，就成了「舒食男孩」的核心。他們依照季節時令變換菜色，讓每一位來的客人都能吃到最新鮮，由當地小農栽種的蔬果原味。所以，無菜單的套餐就成為他們的最大特色。

　　台東小農栽種的火龍果，在他們多次研究後，製作成美麗的紅紫色炒飯，不止吸睛，口感的層次美味，更是讓人欲罷不能。

　　就連配菜也是不馬虎，一樣用在地特產植物馬告來製作調醬，入味在在季節蔬菜中。還有自製一小碟的甜菜根鳳梨，作為酸甜開胃的前菜，和以六種水果特製的水果茶作為收尾，讓一道餐就可以吃到 20 種以上的水果，滿足口腹之欲又能吃的健康沒有負擔，讓每一個客人都能吃出真正「舒服」的好滋味。

舒食男孩

📍 台東縣池上鄉中華路 69 號　📞 0928-704076　🥢 全素／蛋奶素

10 一起來當草食動物

味蕾的美好記憶 ★ ★ ☆

#蘑菇大麥濃湯 #蒜香麵包 #鷹嘴豆胡桃柯斯提尼 #蔬食是一種品味

　　Herbivore 是 Miacucina 旗下品牌的第一間 Vegan 料理，也是台北第一間兼具時尚質感設計的各國風味 Vegan 料理餐廳。提供美式漢堡、義式義大利麵、泰式咖哩飯、南洋風味沙拉等多款創意異國風味料理！Herbivore 以食物最自然的形式，創造充滿健康、營養、以植物為基礎的美味料理，讓味蕾有多元的享受。

　　胡麻孢子甘藍，甘藍搭配炒生香菇，淋上胡麻味噌醬，口感爽脆，滋味濃郁，走日式洋食風格；蘑菇大麥濃湯，洋蔥炒過，入蘋果丁與腰果打熬煮，內有巴西里葉、紅蘿蔔、大麥等，一碗健康營養滿點；蒜香麵包，自製歐式麵包、橄欖油、大蒜、巴西里葉，香氣迷人，咀嚼風味十足，很有飽足感；鷹嘴豆胡桃柯斯提尼，由自製鷹嘴豆泥，加上胡桃、草莓、奇異果、薄荷葉，放在法國麵包上，視覺與味覺都極為享受。

　　現代人飲食提倡養身、健康觀念，蔬食餐廳越開越多家，Herbivore 走時尚風，很適合邀大家一起來當草食動物。

Herbivore

📍 台北市信義區松高路 19 號 2 樓（新光三越台北信義新天地 A4）　📞 02-27235368

🥬 維根（Vegan）

11 用餐就像是欣賞一幅美麗的藝術品

—— 在小小樹食 ——
我推薦小樹酪梨蔬菜佛陀碗

味蕾的美好記憶 ★★☆
皮蛋豆腐餃　# 地瓜起司蓮藕燉飯　# 小樹飯糰　#Little Tree Food

「小小樹食」的老闆一開始就朝網紅店的概念出發，安靜巷弄裡明亮的玻璃屋，採光良好，造型吸睛，餐點擺盤也非常美麗，適合網美打卡拍照。不過店要開得久，還能開分店，料理也要經得起考驗才行。「小小樹食」的精神是為顧客準備身心靈所需要的養分，邀請大家把蔬食的種子散播於世界，終將像大樹一樣高。大部分的餐點都可依個人飲食客製化，蛋奶、蔥蒜、維根（Vegan）、辣度皆可調整；餐點含有什麼食材也會詳細列出，非常貼心。

　　推薦小樹酪梨蔬菜佛陀碗、地瓜起司蓮藕燉飯、紅油皮蛋豆腐餃、酪梨甜菜根塔、越式炸春捲、小樹飯糰等。小樹酪梨蔬菜佛陀碗裡有黃綠櫛瓜、櫻桃蘿蔔、毛豆、中東鷹嘴豆、酪梨、寶貝生菜、藜麥綠炒飯，滿滿營養，視覺味覺都兼顧；皮蛋豆腐餃，內餡加了皮蛋、豆腐、南瓜等食材，配上剝皮辣椒提味更是一大亮點；越式炸春捲，外皮炸得非常酥脆，內餡蔬菜多樣新鮮，一口咬下口感十足，配上沾醬風味道地；強烈色彩對比的地瓜起司蓮藕燉飯風味醇厚，層次豐富；小樹飯糰不是用米飯，而是用馬鈴薯泥包乳酪，是小朋友的最愛。

　　我常帶朋友來「小小樹食」，這是一家吃葷者也會喜歡的店。

小小樹食
大安本店：📍台北市大安區大安路一段 116 巷 17 號 📞 02-27782277
敦南店：📍台北市大安區敦化南路二段 39 之 1 號 📞 02-2700 0313
🍃 全素／植物五辛素／蛋奶素／維根（Vegan）

12 有了再吃「速食」的體驗

—— 在扭登和 ——
我推薦四盎司奶酪堡

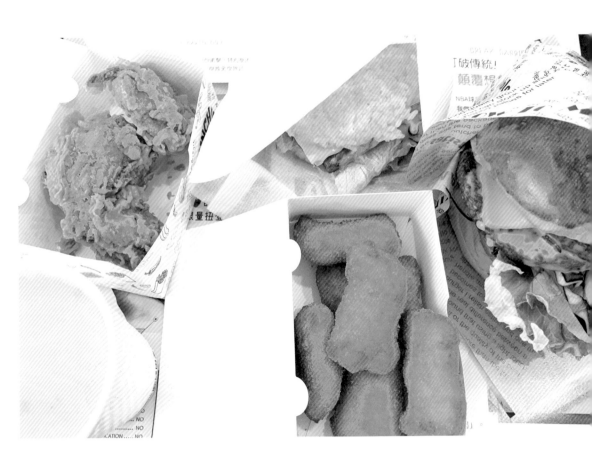

味蕾的美好記憶 ★★☆

#明太子軍艦米堡　#哈韓泡菜起司堡　#素酥脆雞
#超越肉　#未來肉

對於吃蔬食的人來說，想要吃個滿足口慾的「速食漢堡店」是很不容易的！大部分知名速食店，都少有友善蔬食的餐點可供選擇。但近年以環保愛地球、和健康無負擔為理念，從高雄紅到台北的「扭登和」就成為第一家為「素食者」打造的「漢堡速食店」。

店裡提供純素和蛋奶素的餐點，並以各國文化特色去設計專屬口味的漢堡。像是經典老美重口味的「四盎司奶酪堡」、和以米漢堡及日本明太子結合的「明太子軍艦米堡」，用韓國泡菜為基底製成的「哈韓泡菜起司堡」等等⋯⋯這些豐富且多元的口味的選項，讓我想每種都點來品嘗一次。

而這些美味的漢堡，都是用本土的「超越肉」，和現在在歐美走紅的「未來肉」為主體。扭登和使用的「超越肉」，是本土自行研發的植物肉。在蛋白質、鐵質上都比葷食者食用的肉類還要高。

此外，它的飽和脂肪、膽固醇、全脂肪也都非常的低，讓人在吃速食餐的時候，不用有太多健康上的擔憂，並且能大快朵頤的享受在速食的世界裡。另外，在「扭登和」也可以吃到「未來肉」製作的漢堡，它的成分主要是以水、椰子油、芥花籽油、豌豆分離蛋白⋯⋯等多種原物料製成。為了減少一般畜牧業所消耗的自然資源，「未來肉」在比爾·蓋茲和李奧納多等眾多的好萊塢明星的加持下，已成為素食者拿來取代一般素肉的食材。

當然，在速食店裡還有一種元素是不可或缺的，那就是「炸物」。「扭登和」也有販售薯條、雞塊、酥脆雞等等一般速食店會有的餐點，而最讓我印象深刻的，就是那酥脆口感的素酥脆雞。吃起來竟然跟一般速食店吃到的口感毫無差別，讓我感到十分訝異，經過詢問才知道，這是用香菇製成的口感，在炸的過程油量和溫度控制得很好，完全沒有油膩感。讓我這個以往只能在速食店門口望店興嘆的蔬食者，有了再吃「速食」的體驗。

扭登和台北松山店

📍 台北市松山區敦化北路 222 巷 30 號　📞 0919-335001　🍽 全素／蛋奶素

13 時尚生活方式的最好選擇

—— 在 BaganHood 蔬食餐酒館 ——
我推薦「B-3」

味蕾的美好記憶 ★★☆

#「B-3」獨特的豆泥香塗抹在皮塔餅上　#「C-3」舒爽的時蔬沙拉
#「F-4」的中式麻辣香鍋　#西班牙水果酒

「BaganHood」，隱身在松菸誠品附近的巷弄裡，但內裝歐式典雅的裝潢風格，常吸引過路人的眼神佇足。它是主打 Vegan 無蛋奶蔬食料理的餐酒館。「BaganHood」店裡是歐式摩登風格裝潢，在微亮的燈光和大理石的餐桌上享用餐點，感覺格外的時尚。

而在餐點的設計上，一如它的設計風格，充滿視覺創意的質感，又能讓人在味覺的品嘗上創造驚喜。以走紅國際的科技肉「新豬肉」跟「未來肉」互相搭配，打造出一道道令人印象深刻的無蛋奶料理，就算不吃蔬食的客人也都會大塊朵頤。

它們菜單很有趣的一點是以「代號」為菜名。像是「B-3」用中東鷹嘴豆泥、番茄、黑橄欖、綠橄欖、果乾、皮塔餅做成的料理，它獨特的豆泥香塗抹在皮塔餅上非常的開胃。

「C-3」則是一道非常舒爽的時蔬沙拉。用薄荷香料堅果醬、薄荷葉、風乾水果乾、小黃瓜、蘋果、芒果、鳳梨等水果製成的。把小黃瓜、芒果、鳳梨搭在一起，並用薄荷去引出不同層次的口感。「E-8」則是使用新豬肉做成的漢堡，利用炸豬排的料理方式，搭配自製的蒜味堅果醬，讓口中層次多元，味覺大為驚喜。

不只西式餐點讓人讚賞，「F-4」的中式麻辣香鍋，也做出川味的特色。以花椒等辛香料入味新豬肉丸和蔬菜，瞬間打開舌尖上的飢餓細胞，搭配著糙米飯，滿足感十足。

集合了各國特色變化的料理，能讓來 BaganHood 的客人有更多的異國料理選擇。而他們的飲品和調酒也一樣精彩，像是「西班牙水果酒」，是非常適合搭配著餐點一起享用，柳橙的果香拉出烈酒的濃烈酒精味，讓蔬食成為時尚生活方式的最好選擇。

BaganHood 蔬食餐酒館

📍 台北市信義區忠孝東路四段 553 巷 46 弄 11 號 📞 02-37622557
🍴 全素／植物五辛素／維根（Vegan）

14 深入淡水最難忘的生活記憶

──── 在之間 茶食器 ────
我推薦南瓜田茶酵母比薩

味蕾的美好記憶 ★★☆

#以「阿婆鐵蛋」入味的義大利麵   #淡水夕陽

#桌邊手刷抹茶和氣泡水的混合   #磅蛋糕

「淡水」，會讓你記憶著什麼？夕陽，阿婆鐵蛋，南瓜……這些記憶都可以在淡水的「之間 茶食器」餐廳裡，從味蕾重新記憶淡水的特色。從美學進入生活，再從生活注入土地的情感，就是「之間 茶食器」要傳遞的精神。

淡水這片土地，早期從種茶，種稻，到現在成為盛產的南瓜，每一個階段各自在這片土地，和在地居民的連結，長成擁有淡水獨特文史的面貌。而這些時間累積的獨特，就成為這家餐廳取材和創新的最好元素。

用包種茶當酵母製作餅皮，以咖啡粉為底成為南瓜園的土地。再把南瓜打成泥塑成小南瓜，以龍鬚菜舖成南瓜的藤蔓。這道創意十足的「南瓜田茶酵母比薩」，完全顛覆了吃披薩的口感記憶，溫潤的南瓜團子和龍鬚菜，在茶麵皮包覆下有著特殊的咀嚼感，最後帶出咖啡粉的香氣，讓人有著吃過就忘不了的記憶。

還有以「阿婆鐵蛋」入味的義大利麵，也是一種口感上的創新。就連飲料，也是和淡水有在地的印象連結。用鐵觀音和烏龍兩種茶為基底，再注入南瓜球營造的「淡水夕陽」層次多元，也讓人印象深刻。桌邊手刷抹茶和氣泡水的混合，則是夏天最清爽的飲品。

「之間 茶食器」光這個名字，就會知道不能缺少茶這個元素，餐廳最深處的「茶席」，有著懂茶老闆對於台灣茶和淡水之間連結的特殊脈絡，每一款茶可以說都是他的私人珍藏，再佐以鐵觀音茶，矢車菊和自製鮮奶油製成的磅蛋糕。這樣的一餐，你不只是吃美的裝飾，和口感的滿足，更是深入淡水最難忘的生活記憶。

之間 茶食器

📍 新北市淡水區中正路 330 號 📞 02-2629-7709 🍃 蛋奶素

15 讓無肉不歡的饕客愛上的美味

值得去好好品嘗 ★☆☆

#阿珠媽燉飯　#夢幻藍藻

慵懶的假日總會睡到過早晨才起床，如果這時能走進一家早午餐店，就能在這美好的週末開啟美好的序章。「Herban Kitchen」隱身於台北東區的小巷弄裡，從店面到店內你能感受到被植物圍繞的舒適感。

　　Herban 是由 Herbal（草本的）和 Urban（城市的）組成的單字，可以看出店家打造草綠都市的企圖。希望在這擁擠的都市中，成為一家能「提供沒吃到肉，也不會遺憾的佳餚美食。並且希望有一天，人們會變成以菜為主、以肉為輔」。在這裡你會發現用餐的客人不完全都是素食者，也有很多葷食者一起來店內共食用餐。可見 Herban 的蔬食餐點漸漸進入葷食者的味蕾裡，讓無肉不歡的饕客也逐漸愛上蔬食的美味。

　　在早午餐的部分，最讓我驚嘆的是以竹炭粉料理的「二本黑蛋捲」，它把竹炭粉加入在蛋裡面，以英式歐姆蛋的方式去料理而成的。在歐姆蛋裡你可以吃到豐富的青椒、九層塔、鴻禧菇和美白菇，是一道既天然美味，又能幫助腸胃蠕動的蔬食料理。

　　Herban 不只提供早午餐的選項，還有像是「阿珠媽燉飯」的正餐料理來去撫慰客人的心靈。以傳統義式燉飯方式去料理臺灣米，搭配韓式泡菜、櫻桃蘿蔔、海苔絲、佐太陽蛋等等材料。在燉飯的處理上能品嘗到未熟透的米心以及微辣的泡菜，完美呈現韓國風味的義式燉飯。

　　最後也非常推薦 Herban 的「夢幻藍藻」，以藍藻粉、鈕扣巧克力、脆穀片、季節水果等等打造的蔬食果昔碗。不管是在外表和口味上都非常的豐富且養生，能讓飽足的味蕾再添一點風味。

　　Herban 不只是白天非常適合來用餐的好地方，更是讓客人能從早午餐一路吃到晚上的餐酒餐點的菜單，是非常適合三五好友一起聚餐，還可以小酌的蔬食餐廳。

Herban Kitchen & Bar 二本餐廳

📍 台北市大安區忠孝東路四段 101 巷 27 號　📞 02-87737033

🍃 全素／蛋奶素／植物五辛素／維根（Vegan）

16 裸食

—— 在 Plants ——
我推薦綠豆泥沾醬

值得去好好品嘗 ★ ☆ ☆

#南洋風涼拌寬粉　#乃油白酒菇菇筆管麵
#莓果綺思　#食物原型

歐美近年相當流行一種烹調食物的方式叫做「裸食」。它將食材保持在攝氏 45 度以下處理。在這個溫度之下，食物的營養與酵素就能維持活性。但也因為低溫處理的特性，裸食餐點通常比一般食物更為耗時製作，所以每道裸食餐點都必需投注更多精力與時間製作。

　　這股裸食健康風潮，這幾年也吹來台灣。在復興南路的巷子裡，就有著一家優雅地引領裸食風潮的餐廳叫做「Plants」。店內的核心理念是以「全植物食材」且「無麩質」去使用裸食法製成的「全食物」，也是讓你吃不出來無蛋奶，卻有相當多餐點和甜點選擇的 Vegan 餐廳。

　　Plants 的異國料理方式非常多元，且每兩季都會研發更換新菜色，讓客人可以不斷嘗鮮且有驚喜感。像是外表簡單口感卻非常有層次的「綠豆泥沾醬」。它把綠豆泥的細緻綿密感，搭配上催芽種籽裸食餅的脆感，讓人可以一口接著一口吃得無法自拔。

　　還有像是「南洋風涼拌寬粉」跟「乃油白酒菇菇筆管麵」是最讓我感受到裸食厲害之處的兩道料理。在無法高溫烹煮的原則下，依然可以創造出「好吃入味」的結果，讓人在炎熱的夏天裡，帶來十分清爽無負擔的感受。在香草綠豆寬粉，加進南洋料理常用的薄荷、香草、九層塔、檸檬等清爽口感的香料，提升我們在炎熱天氣的食欲。

　　如果說「南洋風涼拌寬粉」的口感可以像帶你去了一趟熱情的南洋；那麼，「乃油白酒菇菇筆管麵」則是能把你帶去義大利。用傳統義大利的百里香乃油白醬，搭配一些四季豆、羅勒、荳蔲玉米等製成的一道裸食義大利菜。由於不使用奶蛋，讓它完全沒有白醬的油膩感，但卻又能原封不動的把熟悉的味道呈現出來，這是這道料理非常吸引人的關鍵。

　　在甜點的部分，也看的出 Plants 用心推廣裸食的企圖心。「莓果綺思」是我必點的一道甜點，利用有機椰子和催芽蕎麥製成的糕底。加上有機的藍莓和蔓越莓的風味，打造出有如起司蛋糕口感的無蛋奶甜點。

　　對我而言，吃蔬食就是應該以健康為出發點，而「裸食」的料理方式，就更完美的定義了現代人健康的新選擇。「Plants」每一道裸食料理，不只保留住食物原本的樣貌，更能利用原型食物的特性來淨化身體，做一個體內環保的大掃除。

Plants

◉ 台北市大安區復興南路一段 253 巷 10 號 ☎ 02-27845677

🥢 全素／植物五辛素／維根（Vegan）／無麩質

17 你值得最好的食物

────── 在 SUN BERNO 光焙若蔬食 ──────
我推薦酥麻麻披薩

味蕾的美好記憶 ★★☆

#蜜波蘿美式　#迷幻星空果昔　#椒麻披薩

　　「SUN BERNO 光焙若蔬食」是讓我驚豔的餐廳，位於審計新村附近，綠園道邊，結合咖啡與異國料理蔬食，可以從早吃到晚：三明治、早午餐、手工窯烤披薩、義大利麵、燉飯、咖啡、麵包及甜點……選擇非常多元！餐廳標榜在日常即能享用美好的精品咖啡、蔬食，以及舒適無負擔的暖食。

　　我平常是不喝咖啡的人，但這裡的蜜波蘿美式咖啡讓我整壺喝光光。特別選用台灣金鑽鳳梨，產區咖啡與在地小農的完美結合，是一款富含水果調性的創意咖啡，正合我胃口！我也大推酥麻麻披薩，義式披薩搭配中式椒麻口味，味道令人難忘，也很夠味。迷幻星空果昔擺盤非常討喜，上頭擺滿莓果與新鮮水果，健康滿點。焦糖堅果義式冰糕，也是值得一嘗的甜點。

　　「SUN BERNO 光焙若蔬食」用餐環境非常舒適，菜單上也會標上蛋奶素、奶素或無麩質三種。蔬果也會依當季食材做調整。用餐時我都可以想像帶朋友來用餐，相信他們一定也會喜歡！

SUN BERNO 光焙若蔬食

📍 台中市西區向上路一段 79 巷 50 號　📞 04-23027613　🍴 蛋奶素／奶素／無麩質

18 何不從一天的 Vegan 開始

─────── 在 Veganday Cuisine ───────
我推薦炸波菜起士餛飩

值得去好好品嘗 ★ ☆ ☆

#Veganday ＝ Vegan ＋ day　# 無奶無蛋純素料理　# 紅酒燉牛肉　# 松露白醬義大利麵

我吃素早期是吃嚴格素，還蠻接近「維根（Vegan）」，但不同的是 Vegan 可以吃五辛，也就是蔥、蒜（大蒜）、韭菜、蕗（小蒜）、興蕖（洋蔥），嚴格素不行。

　　Veganday Cuisine 是台中西區必吃的蔬食餐廳。Veganday = Vegan + day，提供無奶無蛋的純素料理。在台灣，Vegan 常會翻譯成純素或全素，但 Vegan 不只是吃素那樣簡單。Vegan 是一種價值觀，將同理心擴及到動物，不吃肉，不一定是為了個人健康或宗教因素，是因為他們認為吃肉這件事會帶給動物帶來痛苦；Vegan 也不吃蛋，不只是認為雞蛋有生命，也因蛋雞被飼養在狹窄不良的環境中，不讓雞痛苦而拒絕食用。

　　Veganday Cuisine 用餐環境很好，設計時尚，充滿綠意，假日常座無虛席。他的餐點也令人驚豔，食材、味道與擺盤，都在水準之上。我推薦炸波菜起士餛飩，起士是由馬鈴薯與椰子油製成，內餡濃郁，外皮酥脆。而他們的紅酒燉牛肉也是很多人喜歡的一道菜，燉得熟爛的猴頭菇，吸飽了湯汁，味道亦是一絕。松露白醬義大利麵也很美味，我覺得葷食者也會喜歡。Veganday 的湯品與飲品都很用心。

Veganday Cuisine
大忠南店蔬食餐廳
📍 台中市西區大忠南街 91 號
📞 04-23769098
🥢 維根（Vegan）

19 小巷內的天然蔬食歐式饗宴

—— 在著迷・食間 ——
我推薦堅果時蔬烤南瓜帕尼尼

值得去好好品嘗 ★ ☆ ☆
菠菜馬鈴薯烘蛋　# 文青早午餐

　　問起在雲嘉地區的朋友，哪裡有好吃的蔬食餐廳，「著迷‧食間」是一定會被推薦的餐廳。「著迷‧食間」由一對姊妹所經營，在北部工作了幾年之後，回到了斗六，憑藉著一種自然生活的心，在充滿回憶的舊家細心琢磨出了「著迷‧食間」。這裡的餐點皆採用當季蔬果研發料理而成，空間上主要採用水泥、木頭與鐵三種自然的元素搭配，再以綠色的植物裝飾點綴軟化這些剛硬的元素，帶出蔬食餐點的印象，稱之為「著迷風格」。

　　推薦堅果時蔬烤南瓜帕尼尼、菠菜馬鈴薯烘蛋、瑪格麗特皇后烘蛋。帕尼尼中有滿滿的蔬菜，一口咬下非常滿足。配菜的沙拉也不含糊，還有烤馬鈴薯與優格，分量十足。小鐵鍋盛裝拌入豐富配料的烘蛋，口感紮實綿密，視覺與味道都令人驚豔。「著迷‧食間」的食材很新鮮，搭配的很好，細節處如餐具、容器也很講究，點心及飲品也讓人讚不絕口。想要遠離塵囂，何不來這隱匿於巷弄裡的溫馨小店，品嘗雲林數一數二的蔬食早午餐。

著迷‧食間

📍 雲林縣斗六市鎮東路 81 巷 1 號

📞 05-5345623

🌿 植物五辛素

20 歸零

───── 在左右咖啡蔬食館 ─────
我推薦小餘排滑蛋咖哩飯

有機會應該試試 ☆☆☆

#孜然薯排堡　#松子青醬義大利麵　#一生陪伴在你左右的好朋友

在日本有句諺語如此說道：「兄弟は左右の手」，而左右就是さゆう的意思。意思是兄弟是左右的手，而左右也是手足、親兄弟的涵意。左右這樣的店名就表示著兄弟一夥打拚，更有伴隨在大家身邊的親切感，堅信永續經營、長伴左右的特殊意義。開一家咖啡廳是三位親兄弟的共同夢想、並且在 2002 年開始努力至今，經數次轉型，慢慢將這個夢想實現。

「左右咖啡蔬食館」位於台南中西區的小巷住宅區內，提供的料理皆是素食，菜單上會註明有全素、奶素、奶蛋素。類型包括米食、義大利麵、漢堡及各式飲品等等。素食早午餐為不同的菜單，部分餐點假日不供應，可先打電話詢問。

推薦孜然薯排堡、松子青醬義大利麵、小餘排滑蛋咖哩飯。小餘排嘗起來有淡淡的海味，主要以蔬菜、菇類、大豆纖維等製成，味道很特別。這裡的水與附餐的湯都很講究，光是水就有 5 組獨立過濾系統，讓顧客喝最純淨的鹼性水；菇菇湯也非常清甜，完全能喝到原食材的鮮甜美味。「左右咖啡蔬食館」低調的堅持與用心，讓人印象深刻。

左右咖啡蔬食館【さゆう】

📍台南市中西區南門路 209 巷 22 號

📞06-2145958

🍃全素／蛋奶素

21 窩在一角 killing time

我推薦老伴今日吃菜

有機會應該試試 ☆☆☆

蜂巢冰淇淋鬆餅　# 季節鮮果優格果昔　# 咖啡的立體堆花　# 我佛慈悲再來一杯

Parlarecoffee 是一家人合力經營的咖啡店，因家人生性害羞不善於溝通，所以取了一個有趣的諧音「怕喇咧」。而 PARLARE 是義大利文「溝通」的意思，和台語的「怕喇咧」剛好形成對比。不擅於說話卻又想與顧客分享喜愛的空間，還有對咖啡及手感麵包的執著。即使沒有進行太多的對話，僅是輕輕的點頭微笑眼神交會，一同品嘗著時間、空間與咖啡交織的美好。整體空間偏美式，很輕鬆自在。店內有風格獨特的壁畫，還有隨處可見的有趣標語，都讓人發出會心一笑。

餐點秉持健康飲食概念，少油、少鹽、低糖，不使用加工食品及添加物，新鮮限量手做麵包。蔬食者可點老伴今日吃菜，有泡泡歐芙、胡麻醬野菜水果沙拉、根莖類蔬菜；蜂巢冰淇淋鬆餅真的可以吃到蜂巢，鬆餅鬆軟紮實；季節鮮果優格果昔爽口新鮮，很健康的飲品。咖啡的立體堆花也是網美拍照最愛，立體堆花要額外收費，也只有部分熱飲品項才有，每桌限點兩杯並需等候，但等待是值得的。

Parlarecoffee

📍 高雄市鳳山區文化西路 7 號　📞 07-7806976　🍃 蛋奶素／葷素共食

22 一開始以為真的是幼稚園

—— 在打舖 2 號店 ——
我推薦經典松露奶香燉飯

有機會應該試試 ☆☆☆

蔬菜拌飯椒麻蔬排　# 蕈菇烤餅　# 莫札瑞拉起士條　# 園長很有愛心

　　「打舖 2 號店」是由愛心幼稚園改建成的素食餐廳，提供精緻多樣化的蔬食料理，讓吃葷食的人都會忍不住愛上。環境非常的寬敞明亮，布置得很溫馨，牆上也可看到年代久遠的幼稚園學生畢業照，彷彿進入了時光隧道。此處附設停車場，也有庭園，充滿綠意，不管是坐在室內還是戶外，都很悠閒。除了個人用餐，也很適合團體聚會，有新人在此舉辦蔬食的婚宴，是在地人的好厝邊。

　　推薦經典松露奶香燉飯，味道香濃，讓人忍不住一口接一口，尤其是以麵線包裹四季豆的炸物，畫龍點睛，風味獨特。蔬菜拌飯椒麻蔬排，蔬排感覺很像炸排骨，外表香脆，內裡多汁，無論葷素食者都會喜歡。蕈菇烤餅風味也很棒，富嚼勁，咀嚼後也可嘗到餅皮的香甜；莫札瑞拉起士條外表酥脆，咬一口起士流出牽絲，很適合當開胃菜。這裡的主餐、點心及飲料，都在水準之上，來屏東不要錯過！

打舖 2 號店－愛心幼稚園
📍屏東縣屏東市民享一路 161 號　📞08-7231585　🍃奶素

23 彷彿整個味覺都會跳起舞來

—— 在 WuLouPiePie 巫露派派 ——
我推薦黑芝麻生乳酪塔

味蕾的美好記憶 ★★☆

翻轉蘋果派

「每個人的人生都有不同的追求。你追求的是順著命運而行？還是不服輸的挑戰？或者是專注熱情活出自我？」在台東池上的小街上，有一家沒有招牌，一不小心就會錯過的蔬食小店。這家小店是熱愛自由的 Annik 和來自法國波爾多的 Louis，用他們各自擅長的甜點料理和藝術創作，讓這家以法式鹹派為招牌，和各式手作甜點及異國輕食，靜靜地的在池上等待有生活品味的人，來與他們共鳴。

　　一走進「巫露派派」，就會被牆面風格強烈的圖騰彩繪所吸引。周遭隨意放置的各式木雕和植物，也襯托出這對夫妻隨行自由的性格。但在食物料理上，兩人卻絲毫不馬虎。每一道料理，在食材的要求和時間控制下，都重新賦予了創新的口感，和顛覆了我們的既定印象。他們的飯食套餐，是用友善農法耕作的有機雜糧，和佐以生薑南瓜鷹嘴豆香料燉醬，再搭配煙燻紅椒炒豆包，以及松露番茄。

　　而剛烤出來的無蛋奶製作的「翻轉蘋果派」，是用多顆新鮮蘋果和厚薄適中的餅皮，烤成雖然香脆卻仍能不失去蘋果香氣的口感，讓人驚喜萬分。而最讓我完全失控的，是想一吃再吃的無蛋奶「黑芝麻生乳酪塔」。才剛進入嘴裡的第一口品嘗，味蕾濃郁的芝麻香氣，混著紮實乳酪的美妙，彷彿整個味覺都會跳起舞來，而活躍了整個心情。

　　我一直相信，飲食是能從創作者的熱情來傳遞感受的。他們讓茹素飲食和友善農業食材，來關懷這片土地。再用熱情灌溉他們的手作食物，來感動了每一個客人，也茁壯了他們的初衷，活出更有力量且自由的生命。就像他們說的：「一切都是愛啊！一起為人類與地球的平衡祈禱吧！」

WuLouPiePie 巫露派派

📍 台東縣池上鄉慶福路 53 號　📞 0909-204646　🍃 全素／蛋奶素／奶素／植物五辛素

24 美好的一天從早餐開始

—— 在初 firstdayfood 早午餐 ——
我推薦減肥素素

有機會應該試試 ☆ ☆ ☆

草莓歐姆蛋　# 蜂蜜桃核香蕉乳酪　# 香蕉巧克力 Oreo　# 菜單取名也充滿創意

　　「初 firstdayfood 早午餐」是礁溪在地人很推的一家店，位於礁溪路上，平假日早上都大排長龍，生意非常好。推薦這裡的熱壓吐司，菜單上也會貼心標示是全素或蛋奶素。這裡跟印象中的早餐店不太一樣，環境舒適，食材天然也很實在，無太多加工食品，性價比非常高，點餐流程也很順暢，營業時間是早上七點到下午三點，沒有提供 WiFi，適合一般學生或上班族來這裡外帶或吃個快速早餐；如果想要悠閒吃早餐，建議九點三十分之後來。

　　減肥素素含有大量新鮮蔬菜，味道爽口；草莓歐姆蛋又甜又有歐姆蛋的滋味，口感很特別；蜂蜜桃核香蕉乳酪以及香蕉巧克力 Oreo 也很適合當甜點。他們的分量都很足，一份熱壓吐司就有飽足感，如果兩人一起來，建議可點一鹹一甜，兩人分享。

　　這家店也很細心，除了咖啡，有的飲料上層也拉花，增加趣味性。推薦天然有機紫薯牛奶、現打鳳梨蘋果汁、莓果冰沙等。許多餐點都在水準之上，價格卻非常平實，如果每天早上能在「初 firstdayfood 早午餐」吃早餐，真是太幸福了。

初 firstdayfood 早午餐
📍 宜蘭縣礁溪鄉礁溪路四段 22 號
📞 03-9881513
🍃 蛋奶素／奶素／葷素共食

25 一個人吃也不寂寞

—— 在穗科手打烏龍麵 ——
我推薦冷麵

值得去好好品嘗 ★☆☆

#紅酒漬鮮茄　#黑玉胡麻豆腐

　　因為公司 Hybrid 混種時代在東區，所以穗科手打烏龍麵變成我常光顧的店，也帶朋友去吃，他們都很驚豔穗科是一家蔬食餐廳。我覺得這樣很好，穗科沒有強調素食，東西非常好吃。因為有時太強調素食，反而會讓吃葷食的人卻步，刻板印象會認為素食相對於葷食比較沒那麼美味，反而錯過了素食的多元性。素食其實很好吃，不然我怎麼會一踏入蔬食圈，就回不去了？

　　這天也是帶朋友來，店裡的人氣商品幾乎都吃好吃滿。烏龍麵、冷麵、小菜、甜點。相對於烏龍湯麵，我比較推薦冷麵。穗科手打烏龍麵現場手工製麵，每道工序，都仰賴師傅的專注，謹守日本製麵匠人糠信和広師傅之技法，忠實呈現手打烏龍麵的圓融勁道。這裡的小菜一點也不馬虎，我推紅酒漬鮮茄與黑玉胡麻豆腐，喜歡濃醇味道的人不要錯過。

　　店內是原木裝潢，日式風情，桌角還有河童圖案，小地方也別具巧思。東區的餐廳大部分是呼朋引伴，但我很常一個人常來穗科吃，只要東西好吃，一個人吃也不會寂寞。

穗科手打烏龍麵（忠孝店）

📍 台北市大安區忠孝東路四段 216 巷 27 弄 3 號

📞 02-27783737

🍃 全素

26 偶爾口味想要重一點

—— 在井町日式蔬食料理 ——
我推薦咖哩鍋燒湯麵

值得去好好品嘗 ★☆☆

#炸豆皮 #酥炸杏鮑菇

我第一次去井町是在台北赤峰街，印象非常好，因為當初進去消費時，不曉得他是素食餐廳，而且餐點意外地好吃。後來台北店收了，我就到新竹去吃。井町提供健康蔬食料理，日式簡餐，一個人吃也很適合。菜單上很貼心，會註明有蛋、奶，或是全素，畢竟素食有很多類型，這樣的標示讓人很放心。

　　井町的烏龍麵與炸物皆很出色，我喜歡井町咖哩鍋燒湯麵，喜歡熱湯烏龍，口味濃郁的人不能錯過。尤其附餐的炸豆皮，不管是是單吃或加入湯咖哩中讓豆皮吸收湯汁，味道都很棒！炸物我常點酥炸杏鮑菇，炸好瀝油確實，不會有油膩感，沾醬汁或是井町特製的椒鹽、醬汁，非常美味。我一般不太吃炸物，但來井町我都會點上一兩道。

　　店內的小菜選擇多樣，菜色也會更換，環境舒適。偶爾想要簡單的一餐，口味想要重一點，我會來井町。

井町日式蔬食料理

📍 新竹市北區大同路 135 號　📞 03-5253158　🍃 全素／奶素

27 吃素也可以很嗨

—— 在將進酒－素燒烤殿 ——
我推薦將進酒七仙女

值得去好好品嘗 ★ ☆ ☆

水果玉米和紅鬚玉米筍　# 不只中秋節什麼時候都可以來吃

自從開始吃素後，中秋節就沒有人邀請我烤肉了。但我還是懷念燒烤的味道啊，而且誰說蔬食不能當成烤肉來烤？台中市西區的「將進酒－素燒烤殿」，以高品質的食材及特殊醬料滿足了我！

這家店採預約制，桌數不多只有八桌。可選擇單點或套餐形式。套餐中的「將進酒七仙女」：港式叉燒、酥脆雞皮、客家小炒（奶素）、雞腿卷、新疆羊肉串、三杯雞腿菇、昆布花枝，看起來就像是烤肉組合，但其實是蔬食與豆類製品，而且還是師傅手工製作，吃起來別有一番風味。

當令時蔬的食材也很棒，水果玉米、埔里茭白筍、紅鬚玉米筍、牛蕃茄、日本山藥、旗山彎瓜、新社香菇、巨鐘甜椒、綠如意櫛瓜……我尤其鍾愛水果玉米和紅鬚玉米筍，鮮甜多汁，沾上主廚醬汁，或只單純沾昆布鹽，蔬菜自然的甜味滿溢唇齒間。

「將進酒－素燒烤殿」老闆吃素，開了這家蔬食燒烤店，環境古色古香沉穩時尚，吃燒烤時想來杯啤酒也有無酒精啤酒供應，開車無負擔，吃素也可以很嗨，我推薦這家！

將進酒－素燒烤殿 vegetarianBBQ

📍台中市西區精誠五街 27 號　📞04-23278012　🥢全素／蛋奶素／奶素

28 蔬食本身的滋味

—— 在蔬壽司 ——
我推薦西蘭甘薯與野菜五蔬

值得去好好品嘗 ★ ☆ ☆

義式蘑菇軍艦壽司　# 香芋香菇　# 山藥細絲　# 椰子沙西米握壽司

安靜巷弄裡，有一家用蔬食製作的壽司。吃素後，能吃到用蔬食做的壽司很難得，因為過去想吃素食壽司時只能選擇豆皮壽司或玉子燒。「蔬壽司」老闆很年輕，一開始在日本料理店工作，常處理生魚片，後來交了一個吃素的女友，也開始吃素。之後因不想再殺生，所以辭去工作，自己創業開了「蔬壽司」。

這裡的選擇非常多，想吃單一口味，可選擇細捲。想要多種滋味，可選擇捲壽司，推薦西蘭甘薯與野菜五蔬。軍艦壽司我喜歡義式蘑菇，整顆蘑菇飽滿多汁；香芋香菇的香芋是用炸的，香菇先炒過，口感特別；山藥細絲用的是日本進口山藥，味道很細緻。椰子沙西米握壽司感覺很滑順，口感很像花枝。但老闆強調，他不刻意做仿生魚片或肉類味道的壽司，像泰式打拋軍艦，他用的是素豆丁而非新豬肉（OmniPork，以全植物性材料製成，質感媲美手打真豬肉），他追求的是蔬食天然的味道。

坐在壽司師傅前一個人用餐，或是點綜合壽司，店內用餐或派對餐點，視覺、健康、美味都能兼顧。

蔬壽司

📍 台中市西區模範街 8 巷 5 號　📞 04-23015675　🍽 全素／蛋奶素／蛋素

29 台灣最好吃的拉麵

—— 在太郎拉麵 ——
我推薦地獄拉麵

味蕾的美好記憶 ★★☆

柚子拉麵　# 胡麻豆乳拉麵　# 好吃到想投資

自從十八年前開始吃素以後，我再也沒有吃過日本拉麵。因為，拉麵的湯頭都無法做素的！直到最近在台南的新美街，意外發現這家堪稱神級的「純素正宗日式拉麵」。第一口湯頭，就讓我想起以前在日本吃拉麵的味道，和具有彈性的麵條，讓我感動莫名。

　　這家純素的「太郎拉麵」裡面空間很小，只有 7 個座位。但老闆懷舊的風格在這小空間裡，仿若讓人回到七〇年代的日本拉麵店。不管是重口味的地獄拉麵，或是清爽的柚子拉麵，和胡麻豆乳拉麵，每一碗都保證讓你吃到日本在地原味，不僅會滿足了口欲，更是青春的回憶再現，保證每一口都是幸福的好滋味。

太郎拉麵

📍台南市中西區新美街 2 號　📞未提供　🍃全素

30 究極工藝下食藝美學

—— 在五郎時食 ——
我推薦海苔紫蘇乾煎干貝

此生必吃的美食 ★★★

菇菇豆腐煮　# 松露鹽干貝握壽司　# 串燒

「五郎時食」是高雄知名的日式蔬食餐廳，其主廚胡財賓擁有純厚的日料技術，「五郎時食」可以說是他創意與概念的實驗場域，從葷食日料轉換到蔬食創作歷經二年多的研究，他希望透過蔬食創作，讓葷食者有不一樣的飲食體驗。而這一切從食材處理過程開始，藉由不斷的實驗，將葷食者對料理認知的「味道」導入，讓食材帶有類似海鮮的鮮甜味。另一個挑戰則是將處理好的食材，以繁複的料理工序，烹飪成精緻的日料。其中的講究，在餐點上桌時，你即可明白。

　　在享用餐點的過程中，你會發現「五郎」從環境、服務到餐點，整個過程都非常的舒服，尤其身為主廚的胡財賓，不斷以親切的微笑，為客人介紹餐點的製作過程，那分對於「理念」的 堅持，不言而喻。他說：「我希望在客人提出他想要什麼之前，我能幫他多想到一點，我想傳達這種溫度。又或者我能為這個社會多做一些什麼事情，只要這一件事達成，我就覺得對得起我自己了。」

「五郎時食」的菜單，有套餐與單點，了解這些食材背後繁雜的工序，你會發現他的價格其實非常的親民。餐點的部分，我推薦菇菇豆腐煮、松露鹽干貝握壽司、串燒等。特別推薦「海苔紫蘇乾煎干貝」，他是使用直徑 4 至 5 公分的杏鮑菇，為了要有干貝般的口感，在刀工上下了非常多的功夫，上下各橫切、縱切 30 刀，汆燙去菇味後，再浸泡 7 天海帶芽的醬汁，透過這個方法將「海鮮」味導入，最後煎至表面金色，搭配松露粉、紫蘇葉。無論從視覺還是味覺，就像是沉浸式的魔術體驗，你真的會懷疑是否在享用葷食，令人大為驚豔！

五郎時食

📍 高雄市左營區富民路 66 號　📞 07-5506280　🍃 全素／蛋奶素／植物五辛素

31 大自然最原味的寶藏

───── 在和合樂屋 ─────
我推薦紫蘇苦瓜

味蕾的美好記憶 ★ ★ ☆
#筊白筍味噌燒佐白味噌、紅味噌 #香蕉春夾揚 #蔬菜串揚 #隱藏版菜單鹹豆花

　　「和合樂屋」自詡為地球盡一分力耕耘者，提供蔬食無肉料理，沒有任何動物性，沒有宗教色彩，堅持不使用人工香料，只用無負擔純天然食材，健康鮮美的蔬果，為樂活而做。店內有全素、蛋素選擇，菜色也非常多。

　　紫蘇苦瓜爽脆，冰鎮過後與紫蘇搭配，苦瓜不苦更顯鮮甜；筊白筍味噌燒佐兩種味噌：白味噌味道醇厚，紅味噌口味偏鹹，兩者搭配滋味絕妙；香蕉春夾揚內有香蕉、蘆筍、海苔等，炸過味道很特別；蔬菜串揚有杏鮑菇與碧玉筍，外表酥脆，內餡飽滿多汁，喜歡揚物的一定要點。壽司都在水準之上，玉子燒也沒有蛋腥味。隱藏版菜單有全素的鹹豆花，味道近麻婆豆腐，但口感更滑順。

　　在日本，素食的選擇很少，以往至日本旅遊，找不到蔬食餐廳，一向就只能到百貨公司美食街買素飯糰果腹；現在不用出國就能夠在台灣吃到美味的日式蔬食，住在台灣真的很幸福。

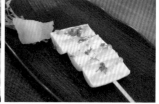

和合樂屋

📍 高雄市三民區鼎瑞街 110 號　📞 07-3102111　🥬 全素／蛋素／植物五辛素

32 味自慢

—— 在天之御草食 ——
我推薦御膳定食

有機會應該試試 ☆☆☆

御林大阪燒　# 幕府京都燒　# 極味素蝦捲
綜合草菇丸　# 昆布豆乳味噌湯　# 定番

　　老闆從小就開始吃素，有鑑於市面上素食選擇不多，所以開啟了自己料理蔬食的旅程。原先只是小攤子，後來有了店面，主要提供日式蔬食料理，有大阪燒、炒麵、丼飯、烏龍麵、章魚燒等等，菜色多樣，如果有選擇障礙，可以點套餐，招牌餐點都吃得到。

　　兩人以上用餐，推薦御膳定食，內有御林大阪燒，以高麗菜為主體，以油煎反覆翻覆至兩面酥脆，灑上多種香料搭配海苔及特製醬料完成。幕府京都燒以油麵為主體，餡料有袖珍菇、碗豆、素香菇頭等，加上照燒醬，滿滿東洋風味。以豆皮與蒟蒻為原料的極味素蝦捲，口感令人驚艷；綜合草菇丸也很好吃；昆布豆乳味噌湯味道濃郁，風味特別。「天之御草食」餐點實在，選擇多樣，味道也很棒，整體視覺很有東洋風，餐點現點現做，請耐心等候。可以感受到是很用心的料理，讓沒有吃素的人都喜歡吃！

天之御草食

📍 高雄市苓雅區和平一路 147 號　📞 0974-012818　🥢 全素／植物五辛素

33 好看、好拍、好吃三好路線

—— 在小小兔子廚房 ——
我推薦昆布素食鍋

值得去好好品嘗 ★☆☆
#蒜香杏鮑菇　#早安午安晚安　#網美趕快來

　　「小小兔子廚房」走日式鄉村雜貨風，用餐環境舒適，舊洋房重新粉刷白色油漆，搭配木地板與木桌椅，擺設些許老件及舊書雜誌，散發文青風，整體環境很像雜誌會來取景的地方。餐點擺盤與口味都兼備好看、好拍、好吃三好路線，這裡標榜直送的當季食材，支持在地小農，全食物手作真食，雞蛋也是有機的。營業時間從早上開到晚上，有單點、套餐與吃到飽三種選擇。蔬食除了新鮮之外，還有不少市面上少見的蔬菜，如小紫茄、西瓜茄、高麗菜苗、桃紅色皇帝豆等。

　　昆布素食鍋湯頭是昆布熬製而成，滋味清甜爽口，火鍋料的蔬菜麵，有火龍果、菠菜、地瓜三種，口感非常好。鍋物的蔬菜都很鮮甜，好的食材真的不需要太多的料理，川燙就很美味。另外也可單點蒜香杏鮑菇，多汁飽滿，令人回味。老闆的理念很簡單，像家人般呵護與付予，為顧客呈現每一份經典誠食。來「小小兔子廚房」用餐，真能感受到日式鄉村文青的優雅氛圍，視覺、味覺都照顧到。

小小兔子廚房

📍 花蓮縣花蓮市明義街 51 號　📞 03-8311500　🍃 蛋奶素／葷素共食

34 真味本是淡

—— 在花草空間 ——
我推薦什菇銀杏腐皮丼飯定食

有機會應該試試 ☆☆☆

#菩提香椿烏龍拌麵定食　#提拉米蘇　#淡味方能長

　　剛進入「花草空間」，就受老闆精巧的樹脂粘土作品吸引，整體環境如同老闆的袖珍粘土細工展示舘，很具藝術性。這裡提供精緻素食套餐，咖啡各類飲品與假日下午茶。餐點以套餐及定食形式居多，會依客人的需求調整，有全素，蛋奶素及五辛素。當初「花草空間」只是一般的咖啡廳，生意平淡。開業半年後，母親身體有狀況，餐廳客人建議老闆茹素，「花草空間」也轉型提供蔬食料理。之後母親身體好轉，餐廳的生意也變好。

　　老闆之前做過日本料理，餐點偏日式風格，推薦什菇銀杏腐皮丼飯定食，蔬食味道各方面搭配恰到好處；菩提香椿烏龍拌麵定食味道也很棒，喜歡重口味的可考慮這道。下午茶甜點如提拉米蘇風味迷人，花草茶與咖啡都在水準之上。來到「花草空間」，看看老闆的樹脂粘土與享用物超所值的美味餐點，是很棒的選擇！

花草空間

📍 花蓮縣花蓮市博愛街 140 號　📞 03-8314959　🥢 全素／蛋奶素／植物五辛素

35 發酵醃漬等技法激出蔬食本味

———— 在 THEGREENROOM ————
我推薦家鄉綠咖哩

值得去好好品嘗 ★☆☆

月亮南瓜餅　# 泰式檸檬香酥豆包　# 泰北酪梨高麗菜捲
香茅辣炒豆腐　# 這裡還有很多課程可以上

TheGreenRoom 位在仁愛路靜謐的巷弄中，外區的玻璃屋，陽光穿透的屋頂，映照在土耳其藍牆與印花地磚上，彷彿置身東南亞。這裡提供融合泰國、雲南、緬甸等菜系，以家鄉的雲南料理融入泰北佳餚，創造出全新的風味，並堅持使用當地蔬果，嚴選非基因改造的食材，並使用能攝取高纖維的原型食物入菜，品嘗蔬食最原始的風味。

推薦家鄉綠咖哩、月亮南瓜餅、泰式檸檬香酥豆包、泰北酪梨高麗菜捲、香茅辣炒豆腐。家鄉綠咖哩以季節時蔬、毛豆、馬鈴薯、南瓜、花椰菜、香菇、秀珍菇、鴻喜菇、南薑、香茅及檸檬葉大量蔬菜料理，辛辣的口感，刺激味蕾；月亮南瓜餅像許多台灣泰式餐廳會供應的月亮蝦餅，TheGreenRoom 以南瓜為餡製作，外脆內軟，香甜濃郁；泰式檸檬香酥豆包，炸得香酥的豆腐皮，包裹著清爽的嫩豆腐，再配上酸辣的泰式檸檬醬，口感與風味都很吸引人。這裡的飲料與調酒水準都很高，也有不少外國客蒞臨，想體驗南洋風情，這裡值得推薦！

TheGreenRoom 泰式蔬食

📍 台北市大安區仁愛路四段 300 巷 25 弄 3 號　📞 02-27045208　🥬 全素／維根（Vegan）

36 讓我一口接著一口的享用

—— 在越南養生素食 ——
我推薦小麥木瓜涼拌

有機會應該試試 ☆☆☆
越式番茄水果　# 蔬菜湯河粉　# 沙嗲炒河粉

隱身在松江路上巷弄裡，以越南素食料理為主的「越南養生素食」，是在炎炎夏日的台北吃午餐的好選擇。他們的「小麥木瓜涼拌」總是能立刻沁脾開胃，而打開整個味覺的秘密就在使用了新鮮蘋果、鳳梨、檸檬、甘蔗混合而成的醬汁配上自製的酥脆炸小麥，成功利用水果自然的酸甜味點綴了小麥的口感，把一道菜餚的層次往上提升，讓我一口接著一口的享用，吃得非常唰嘴。

　　除了涼拌以外，他們的主食像是「越式番茄水果」、「蔬菜湯河粉」、「沙嗲炒河粉」全都是都是使用新鮮的蔬果和自己調配的醬汁去製作的，而不是用大量的化學調料，去瞞騙客人的口感。所以在他們的店裡很少吃到加工素料，也打破了一般人對於素食只有素料的刻版印象。

　　對於他們這樣小本經營的小店，竟能讓我品嘗到蔬食原味的甜美，不禁也讓我思考，為何老闆願意花更長的時間，不惜成本地使用大量蔬果，來調製高湯和醬料？後來，在一次攀談中得知，老闆很早以前就從越南嫁來台灣，非常喜歡做菜，所以在家人的鼓勵下，開了這家以越南美食為主的素食店。老闆也很虔誠地信仰佛教，希望能從健康飲食為出發點，以新鮮且天然的食材去入菜，不加味精或糖等加工調味料，來達到用食物養生也能很美味的目的。

　　然而，為了要保持食物的新鮮無法大量備料，所以有些品項時常早早就賣完了，喜歡越式美食的朋友一定不能錯過。

越南養生素食

📍 台北市中山區松江路 330 巷 61 號　📞 02-25433909　🥬 全素

37 連東南亞人都說讚

—— 在熱浪島南洋蔬食茶堂 ——
我推薦叻沙麵與爪哇麵

值得去好好品嘗 ★☆☆

嗲串燒　# 素蝦餅　# 椰子加央法式

七葉茶　# 終於可以吃到道地的南洋美食

　　2012 年，熱浪島品牌創辦人，在長期信仰下一直茹素飲食，加上工作關係，當時時常往返著馬來西亞，熱愛美食的她，在馬來西亞結識了知名的蔬食大廚好友張大哥。張大哥一直以來希望能透過推廣素食，用他的廚藝與人們廣結善緣。張大哥受創辦人的邀請來台灣遊玩，住在創辦人三哥家中，三哥原是一位肉食主義者，但當三哥吃到張大哥料理的素食，表示：「這種素食我愛吃。」就這麼的一句話，讓創辦人心裡深深感動，決心向張大哥拜師學藝，讓更多無肉不歡的人都愛上這不一樣的蔬食新體驗，熱浪島南洋蔬食茶堂就這麼誕生。

　　熱浪島南洋蔬食茶堂在市場中，以特殊南洋風味料理的方式來推廣素食，並以一周七日素，蔬食新主張，吸引更多年輕族群加入蔬食行列。叻沙麵與爪哇麵大概是目前嘗到最道地的南洋餐點，味道媲美高級餐廳的南洋料理，著實不簡單，讓葷食者也讚不絕口。叻沙麵以薑黃、香茅、南薑、咖哩爆香後加入濃郁椰漿，香氣層次豐富；爪哇麵則蘊含咖哩獨特的香味，添加濃郁馬鈴薯泥，再將金桔擠出淋在麵上，香甜微酸收服不少人味蕾。沙嗲串燒、素蝦餅、椰子加央法式、七葉茶等，味道也都令人驚艷！

熱浪島南洋蔬食茶堂（高雄店）

📍 高雄市三民區鼎力路 29 號　📞 07-3106232　🍃 全素／蛋素／奶素

38 一同尋找餐飲的純淨理想

—— 在鹿野苑蔬食料理廚房 ——
我推薦手磨雪花起司牛肝菌細扁麵佐溫泉蛋

味蕾的美好記憶 ★ ★ ☆

紫蘇梅醬天婦羅丼飯　# 鄉間野菇薑黃燉飯　# 成都風番茄煎蛋麵　# 綠色餐飲指南

　　位於宜蘭大學附近的「鹿野苑蔬食料理廚房」，是很受學生歡迎的蔬食餐廳。這裡的燉飯、咖哩、義大利麵、焗烤等，皆非常出色。尤其義大利麵選用茉莉義大利麵，由世界上最好的杜蘭小麥製成，搭配海拔 2000 公尺純淨認證的 Molise 高山冷泉揉製麵糰，經石臼慢磨技術製作，嘗上一口你一定會覺得很不一樣。「鹿野苑蔬食料理廚房」也用了很多宜蘭在地的食材，包括小農的友善米、宜蘭大學產學合作實習產品「三生有幸」福利蛋等，「鹿野苑」也被宜蘭大學有機產業發展中心評定為有機之心美食餐廳。

蛋奶素的朋友，可點選手磨雪花起司牛肝菌細扁麵佐溫泉蛋，風味濃郁強烈，百吃不厭；紫蘇梅醬天婦羅丼飯也是每來必點，炸得酥脆的天婦羅外表酥脆，裡面鮮嫩多汁，淋上紫蘇梅與醬油一起熬煮的湯汁，美味度絕對破表。鄉間野菇薑黃燉飯與成都風番茄煎蛋麵也很推薦，這裡的料理採用當地當令食材，有機友善，遵循永續生態，減少添加物的使用，多元化的蔬食選擇，很符合現今潮流的綠色宣言。

鹿野苑蔬食料理廚房

📍 宜蘭縣宜蘭市女中路三段 111 號　📞 03-9352331　🍃 全素／蛋素／奶素

39 米其林必比登推介小吃

—— 在南機場夜市的臭老闆 ——
我推薦臭豆腐＋冬粉（素肉飯）

值得去好好品嘗 ★ ☆ ☆
＃紅醋麵＋苦瓜湯

這天很幸運，到南機場夜市臭老闆現蒸臭豆腐，大概是下雨及離晚餐時間尚早的關係，所以無須久候就有位置坐。我是一個不會去跟人家排隊的人，前一次去到了臭老闆現蒸臭豆腐，天啊大排長龍，排了一個多小時。以前的我從來不去排隊，我會直接放棄，可是，臭豆腐可以拿到米其林必比登推介，我覺得很特別，太好奇它的味道了，也證明等待是值得的。

　　臭老闆的臭豆腐現蒸現賣，使用非基改豆腐，以天然酵素發酵，調味簡單，辣度也可調整，湯汁裡有炒過的香菇、毛豆，味道、香氣都很入味；臭豆腐每個氣孔吸滿飽飽湯汁，口齒洋溢濃醇豆香，吃起來有種幸福感。川燙過的冬粉，或點一碗素肉飯，放進臭豆腐的湯汁裡，去收湯汁，真的非常美味。紅醋麵味道清爽，搭配苦瓜湯也非常對味！

　　米其林必比登推介的入選原因：「臭豆腐無雞蛋成分，適合素食人士。配以店家自製醬料，風味獨特。」這裡的餐點也沒有奶製品，吃全素的素食人士請放心。雖說是臭豆腐，但我覺得香到不行。店家也很貼心，那天忍不住點了太多吃不完，外帶時老闆還主動問我臭豆腐要不要再加點湯，還調整了辣度，雖是小店，但服務非常周到。有時嘴饞，想吃口味重一點的，我會選擇來南機場夜市臭老闆現蒸臭豆腐，辣自己一下！

臭老闆現蒸臭豆腐（本店）

📍 台北市中正區中華路二段 313 巷 6 號

📞 02-23052078

🍃 全素

40 老字號美食

—— 在林明堂素食麵 ——
我推薦素食麵

味蕾的美好記憶 ★★☆

#豆包湯　#油豆腐　#逛完天后宮就來嘗嘗

「林明堂素食麵」是鹿港知名的素食麵，在地人與觀光客都知道，每到用餐時刻總是大排長龍。看似簡單樸實的小吃，吃起來卻很不平凡。「林明堂素食麵」販售的是素食麵，裡面有豆芽菜、菜捲、油豆腐、小豆輪等素料；豆包湯也很好喝，很多人會點乾麵加湯，一組才 35 元銅板佛心價，重點是真的很好吃，尤其是素料的滷汁，和麵條搭配出獨特風味，讓人吃完還想再來一碗。

　　吸飽湯汁的豆包外層麵衣變得半酥半軟，一口咬開裡面有高麗菜、蘿蔔、豆芽等蔬菜，滿溢鮮甜滋味，乾的湯的都很好吃，初一、十五的訂單更是滿滿滿。油豆腐也是綿密紮實，配上醬料味道也很好。雖然是傳統素食，但「林明堂素食麵」少了一般素食的油膩感，卻多了讓人回味無窮的清爽鹹香，口味簡單不複雜，讓人印象深刻，每次來鹿港，都要來上一碗。

林明堂素食麵

📍 彰化縣鹿港鎮介壽路三段 66 號　📞 04-7785571　🌿 維根（Vegan）

41 早起的鳥兒有粽吃

—— 在圓環頂肉粽菜粽 ——
我推薦菜粽加味噌湯

值得去好好品嘗 ★☆☆

　　粽子是台灣非常重要的小吃，也是台南人傳統早餐的首選之一。尤其在台南這個古老的城市裡，知名的粽子店非常多。「圓環頂肉粽菜粽」比較有特色的是，粽子是以月桃葉包裹水煮，香氣有別於一般的蒸竹葉粽。月桃是藥用植物，蘊藏豐富活性物質，煮湯、包粽到編織草蓆，用途很廣。

　　「圓環頂」菜粽的月桃葉從東部收集而來，糯米來自於西螺，花生來自北港。添加香菜及花生粉，最後淋上老闆自製的醬油膏，味道想要更夠味有辣椒醬與蒜末，搭配素的味噌湯格外美味。菜粽糯米軟硬適中，米心熟度夠，口感有彈性，融合月桃葉的清新香味，滋味令人難忘，土豆更是入口即化。店裡的老顧客進門的第一句話就是：「菜粽加味噌湯」，這也是最多人點的小吃。「圓環頂肉粽菜粽」從早上五點半營業到下午兩點，當早餐飽足感十足，早點起床來吃非常值得！

圓環頂肉粽菜粽

📍台南市中西區府前路一段 40 號　📞06-2220752　🍃全素／葷素共食

42 純樸的老滋味

—— 在木可蘿蔔糕 ——
我推薦古早味蘿蔔糕

值得去好好品嘗 ★☆☆

#三種獨門醬汁　#起司夾在蘿蔔糕裡　#蘿蔔糕也可以得好多獎　#好吃的小吃早餐

台東的「木可蘿蔔糕」，是老闆一家「柯」姓拆字而成的，舊名是「寶桑蘿蔔糕」。「木可蘿蔔糕」五代傳承，在台東是頗負盛名手工製作的蘿蔔糕專賣店。遵循古法繁複的製作過程，食材用料到烹煮器具都很講究。首先採用兩年以上的米製作，磨成細緻米漿；精選的蘿蔔清洗乾淨，不削皮，再將蘿蔔打成泥，混入米漿炊蒸，再送入特製木製蒸籠，將再來米的香與在地蘿蔔的甜結合在一起，純樸的老滋味，飄香寶桑路多年。

　　一塊塊長條型的古早味蘿蔔糕，表皮翻煎金黃酥脆，蘿蔔糕吃起來軟嫩不失彈性。木可蘿蔔糕有三種獨門醬汁：辣醬、米醬、蒜頭醬油。辣醬、米醬是由老闆每天清晨熬製調配，加入純米漿提味的獨門醬汁，不僅濃稠更有焦香味，讓人一口接著一口。新一代也嘗試把年輕人愛吃的起司夾在蘿蔔糕裡，多了一點創新與濃郁滋味，讓蘿蔔糕更添新風味。

木可蘿蔔糕

📍 台東縣台東市寶桑路 125 號　📞 089-332295　🍃 全素／蛋奶素

43 可以每樣都點來吃

—— 在蘇天助素食麵 ——
我推薦乾麵

值得去好好品嘗 ★ ☆ ☆

#筍湯　#米糕　#加黑醋也很好吃

　　「蘇天助素食麵」是位在台東寶桑路上巷弄轉角的小麵攤，店面不大。這家五十年老店的素食麵，簡單的四種品項：米糕、湯麵、乾麵、筍湯，每樣都擄獲大家的胃。筍湯30元，其餘40元，若要大碗只要多10元，是真正的銅板美食。難得來，可以每樣都點來吃。特製素肉燥使用麵筋、香菇、麻醬與米漿熬煮而成，鹹香不油膩，和介在陽春麵跟意麵之間的麵條拌勻，醬香濃郁，味道美極。想要口味重一點，桌上的朝天辣椒醬很夠味，請斟酌用量。

　　筍湯酸甜的湯頭，一整個讓人開胃。軟嫩清甜的筍子，分量沒在客氣，筍片也很脆口，清爽好喝。米糕也是招牌必點，其實有點像素肉燥飯，粒粒分明，米粒間不會太黏膩，米本身粘糯Q彈，看起來一小碗卻很有飽足感。「蘇天助素食麵」服務親切，下午四點開到午夜十二點，也是在地人推薦台東必吃素食宵夜！

蘇天助素食麵

📍台東縣台東市寶桑路 195 號　📞089-323672　🍃全素

44 抹茶控

―――― 在平安京茶事 ――――
我推薦抹茶千層

值得去好好品嘗 ★ ☆ ☆

＃無糖抹茶　＃日本金賞獲獎 23 年最高等級抹茶　＃京都宇治最高階的抹茶與技術

　　我是抹茶控，但在台灣一直都沒有找到好的抹茶，所以每次都要到日本，才能解我的癮。但一直到平安京茶事的出現，我終於可以不用飛日本，就能夠嘗到道地的抹茶；甚至我可以說，平安京茶事的抹茶，比日本還出色！

　　平安京茶事是茶屋的名稱。「平安京」本身是日本京都的古名，而「茶事」指的是所有與茶相關的活動。抹茶自中國唐朝傳入日本以來為最負盛名的高級飲品，而其發源地的京都宇治更成為日本極上抹茶的代表。平安京茶事用的是日本金賞獲獎 23 年最高等級抹茶，引進京都宇治最高階的抹茶與技術，經過多個部序及嚴謹的乾燥過程，去除葉脈和莖，最後用石臼磨成細粉狀，非常費工。

　　我喜歡抹茶千層，層次豐富，濕潤度適中，味道高雅。搭配抹茶（通常我都選無糖），趁熱時緩緩就著上層的綿密茶泡飲用，彷彿置身在京都，身心都安住下來。而且餐點盛裝的底座，據聞也是骨董，手工製作，所以每個樣式皆不同。茶屋主人對美感與品質非常講究，也以分享為樂，透過製作高品質的抹茶甜點，讓更多人品嘗幸福的好滋味。另外我也喜歡他們會因應時節推出不同的季節性甜點，每次來這裡都有不一樣的感受。

平安京茶事

📍 台北市中正區師大路 165 號　📞 02-23682277　🥢 全素／蛋奶素

45 復古就是新潮

———— 在陽明山的豆留森林 ————
我推薦下午茶組的司康＋水果茶

值得去好好品嘗 ★☆☆
＃檸香奶蓋冰黑咖啡　＃＃老房子文化運動 2.0

你如何看待老東西？老東西是文化傳承的象徵，經過歲月的累積，延續文化成為人們生活的軌跡。文化是值得驕傲的，傳承過程中也需要微調、創新，這就是文創的力量！

午後我來到豆留森林（CAMA COFFEE ROASTERS）。它參與了文化部老房子文化運動 2.0 計畫，改建自昭和 12 年（西元 1937 年）的歷史建築，前身是台灣省政府「農林廳林業試驗所轄管廳舍」。我很意外平日的下午這兒幾乎滿座，而且各年齡層的客人都有。我趁等候的時間在餐廳外的庭院逛逛，綠蔭、竹林，夾雜著中式與日式的恬靜，讓人很快就平靜下來。

喜愛蔬食的我，點了森林午茶組，司康讓我驚艷，外表烤得正好，內裡亦不柴，有的司康乾得讓你直灌水，但這兒的司康濕潤度夠，配上奇異果、水蜜桃、蘋果煮的水果茶，是一種英式的優雅。還有檸香奶蓋冰黑咖啡，檸檬皮帶出咖啡香，又不會太酸蓋過咖啡的味道，讓少喝咖啡的我驚豔。

老房子，賣文化，東西也要好吃。看過老房子重新改造，但敗在食物上的例子不少。整體建築風格與美食的搭配，是一門學問。我們看待傳統事物，若能以一種新的角度，尊敬的態度，老舊的建築也會善意的回應你，跟你說聲謝謝吧！

CAMA COFFEE ROASTERS

📍台北市士林區格致路 70 號　📞02-28611218　🍴蛋奶素／葷素共食

46 度過一個文青的下午

有機會應該試試 ☆☆☆
#詹姆先生　#藍莓乳酪派

　　暗室微光在新竹人氣很高，除了鄰近新竹車站與大遠百交通便利，甜點也非常好吃，吸引不少甜點控前來朝聖。老房舍改建的木質空間，有一種懷舊的工業風，卻不失溫暖。我路過暗室微光受它吸引就走進去，飲品與甜點令人驚艷，後來發現它在網路上的評價也很好。

　　我喝咖啡一向會心悸，只要喝了，那天也不用睡了。但暗室微光的咖啡品質很好，不澀，非常順口。另外我還點了「詹姆先生」，是用老薑嫩薑熬煮成糖漿，再加入冰滴、通寧水，有微微辛香和清爽氣泡口感，很適合夏天，有一種喝調酒的感覺。我還點了藍莓乳酪派，藍莓又多又新鮮，派皮也很紮實，吃起來不乾，很脆。我想人生就是充滿驚喜，有時意外的相遇也很美好。結果我這一天晚上睡得很好。

暗室微光

📍 新竹市東區勝利路 97 號

📞 03-5222080

🍃 蛋奶素／葷素共食

47 空氣系咖啡廳

────── 在花樓 followcoffee 三店 ──────
我推薦大人的辦家家酒

有機會應該試試 ☆ ☆ ☆

台南真的有很多網美店可以拍照，坐一下午。逛正興街商圈走累時，不妨來這裡坐坐。中西區是台南較早開發的區域，許多老屋建築經過活化及創意改造，搖身一變成為高人氣知名的網紅咖啡廳，花樓就是其中之一，正興街開的是花樓第三家店，後區的玻璃屋，由大片玻璃打造，整個透亮，光線充足但不覺得悶熱。加上綠意點綴及老物擺設，整體很有特色。

　　大人的辦家家酒（兩人份）下午二點後供應，使用進口的韓國烤吐司機，吐司選用小農牛奶吐司，自己動手烤，想要微酥或綿香，都可以自行控制，增添不少趣味。牛奶吐司搭配四種醬料：花生醬、奶油、紅豆泥及鮪魚，鹹甜口味一次滿足，南瓜濃湯可續一次，有點飽又不會太飽，很適合下午茶的悠閒時光。

花樓 followcoffee 三店

📍 台南市中西區正興街 66 號　📞 06-2213666　🍴 蛋奶素／葷素共食

48 時間在這裡緩慢流動

——— 在小曼咖啡 ———
我推薦鮮果冰淇淋鬆餅

有機會應該試試 ☆☆☆

#蔬果三明治　#義大利鮮果茶　#洛神花氣泡飲
#懷舊風格　#木造老民宅

台東舊市區一棟木造老民宅改建，年逾六十的老房子，歷經住家、家具行、小吃店、麵館、代書事務所，如今蛻變成一間咖啡廳，「小曼咖啡」是台東頗富盛名的咖啡館。店內擺設六〇到八〇年代的家具，舊書籍與器物，滿滿的懷舊風，吸引不少文青朝聖。

喜歡蔬食料理的朋友，可點選鮮果冰淇淋鬆餅，厚實鬆軟的鬆餅搭配新鮮水果和冰淇淋，很適合下午茶的悠閒。蔬果三明治也很有飽足感，如果有點餓想吃鹹食，可以點這道試試。他們的咖啡與飲料也不錯，義大利鮮果茶可吃到新鮮的綜合水果；洛神花氣泡飲則可吃到當地的洛神花，在此看一本書，度過美好的午後時光。

台東的生活步調緩慢，在「小曼咖啡」更能夠感受時間在這裡緩慢流動。周遭的古老物件讓人想起許多回憶，在這裡的氛圍獨特，就算是什麼都不做也很好。

小曼咖啡

📍 台東市中正里中華路一段 376 巷 33 號　📞 089-350108　🍴 蛋奶素／葷素共食

49 適合來這裡工作、閱讀，享用美食

—— 在 Resort Brew Coffee Co. ——
我推薦早午餐

值得去好好品嘗 ★☆☆

薄荷糖漬橙片莓果鬆餅　# 接骨木雙檸冰茶　# 接骨木莓果費茲
水果氣泡費茲　# 三明治也很棒

　　「Resort Brew Coffee Co.」是宜蘭的熱門餐廳，假日一位難求，也是 IG 熱門打卡地點。用餐環境舒適，有 WiFi、幾乎每個位置都有插座，平日沒有特別限制用餐時間，適合來這裡工作、閱讀，享用美食。有時可以看到店貓阿財在用餐環境中跳上跳下，但不會影響用餐，也算是本店招牌。店門口以及菜單上有寫明用餐規則，Resort 重視整體消費與食物 C ／ V 值（Cost ／ Value 價格與價值）的尊嚴對等服務，提倡維護良好且平等的消費行為與消費空間，提供好的食物、好的飲品、好的空間、好的氛圍，規則要求都很合理，來用餐的人可以留意一下。

　　早午餐的配菜可自行搭配，喜愛蔬食者可選擇蛋奶素或全素，他們的蔬菜新鮮，水波蛋也很好吃。推薦這裡的薄荷糖漬橙片莓果鬆餅，鬆餅上有烤麻糬，夾著橙片，搭配鬆餅、綜合莓果醬一起吃，別有一番風味。接骨木雙檸冰茶、接骨木莓果費茲也很推薦。水果氣泡費茲是自製 SodaSteam 五道愛惠浦逆滲透氣泡水，加入水果調配出晶瑩清爽的健康氣泡飲。熱花果茶與咖啡也很不錯！

Resort Brew Coffee Co.
📍 宜蘭市農權路二段 30 號
📞 03-9332290
🍃 蛋奶素／葷素共食

50 請用食物來說服我

—————— 在北門鳳李冰 ——————
我推薦招牌鳳李冰

值得去好好品嘗 ★ ☆ ☆

價格都不超過 50 元　# 在東區真的很佛心

台北東區巷弄內，藏著一家古早味的冰店。相比於東區許多砸大錢裝潢的冰店或甜品店，北門鳳李冰的樸實無華與真材實料，在這地區實屬難得。我喜歡他的招牌鳳李冰，你也可以選擇一到兩種的混搭，有鳳梨冰、李鹹冰、芋頭冰、桂圓冰等口味。

　　天氣冷，這裡也有熱品，米糕粥、花生湯、紅豆湯都是不錯的選擇。因為冰體紮實有料，就算外帶，一小時內我都覺得仍保有冰度與口感，非常推薦！而且不管是冰品還是熱品，價格都不超過 50 元，在東區真的非常佛心，也難怪在網路上，北門鳳李冰的評價非常高，回客率也不少，很適合在東區用完餐時，來這裡吃上一杯。

　　這讓我想起了北京一家素食餐廳，一開始真材實料，價格公道，很多明星來北京我都會帶他們去。後來餐廳名氣漸響，價格提高，我覺得反映成本，提高定位，都是能夠接受的範圍。但後來餐廳變成把重心放在擺盤與裝潢，吃氣氛，我就感覺整個走偏了。一直是到有次我去吃，點了壺柳橙汁，價格居然要 700 人民幣，餐廳說是有機的，但實在無法說服我，後來就沒再光顧那家餐廳。

北門鳳李冰

📍 台北市大安區忠孝東路四段 216 巷 33 弄 9 號　📞 02-27118862　🍃 全素

51 有朋友也叫春美

────── 在春美冰菓室 ──────
我推薦珍珠奶茶冰

有機會應該試試 ☆☆☆

＃芋頭牛奶冰　＃杏仁豆腐

　　「春美冰菓室」位於慶成生活圈，是很熱門的一家冰店。平日去也要等候，但掃 QRCODE 的排隊方式很科技，等候時也可以到對面公園逛逛。雖然名字聽起來很台，但「春美冰菓室」整體風格走小清新路線，是許多 IG 網美愛拍照打卡的地點。裡面座位數不多，一個人來的話，面公園大落地玻璃窗是視野極佳的位置。觀察到來此冰店的顧客大都為女性，店員也是，大家都很安靜客氣，環境也很乾淨整潔，是讓人感到舒服的一家小店。

　　珍珠奶茶冰、芋頭牛奶冰、宇治金時冰、黑糖刨冰、豆漿豆花、杏仁豆腐都頗受好評，因應季節還推出限定冰品，如夏季限定的芒果牛奶冰、春美鳳梨冰；冬季限定如草莓牛奶冰、燒仙草等，料多實在，不譁眾取寵。珍珠奶茶冰的珍珠 Q 彈好吃，奶茶也不會死甜，非常受歡迎；芋頭牛奶冰也是人氣商品，濃濃的芋泥淋醬，加上芋圓，以及處理的入口即化的芋頭，芋頭控絕對不能錯過。杏仁豆腐真材實料，亦是養生好選擇。我喜歡吃冰，「春美冰菓室」就在「祥和蔬食料理」附近，吃完重口味的川菜，再來一碗冰，人生一大享受！

春美冰菓室

📍 台北市松山區敦化北路 120 巷 54 號

📞 02-27129186

🍴 全素／奶素

52 搶盡鋒頭的配角「蔗片冰」

────── 在阿爸の芋圓 ──────
我推薦招牌芋泥蔗片冰

有機會應該試試 ☆☆☆

#鳳梨粉圓蔗片冰　#芋泥控　#鳳梨控

在永和樂華夜市的「阿爸の芋圓」，他們的菜單上寫著「就愛芋頭」、「就愛鳳梨」、「就愛芝麻」等等……以現代流行的食材來羅列冰品種類，吸引芋頭控、鳳梨控、芝麻控們的目光，刺激我們的味蕾，像我就很喜愛鳳梨和芋頭，所以我推薦他們的「招牌芋泥蔗片冰」和「鳳梨粉圓蔗片冰」。

他們最引以為傲的芋頭冰，讓很多人的味蕾念念不忘。「招牌芋泥蔗片冰」一上桌，滿滿的芋泥和配料（芋圓、白玉、粉圓、小薏仁）就讓我眼睛為之一亮，混和了帶一點甘蔗甜的蔗片冰，清脆口感幾乎搶盡了芋泥跟其他配料的風頭。「鳳梨粉圓蔗片冰」也是超乎我預期和想像，熬煮過的鳳梨和蔗片冰相當融洽，創造出無違和感的香甜氣。

店家獨創的「蔗片冰」是用台灣南部的紅甘蔗帶皮去燒烤，榨汁後經過殺菌、過濾，再製作成一片片的燒烤甘蔗冰，而且入口即化。蔗片冰的口感一開始脆脆的，不一會兒就會在嘴裡化開，自然的甜味帶出芋頭和鳳梨的美味，提升了冰品的口感層次。對於所有芋泥控或鳳梨控來說，「阿爸の芋圓」絕對值得一試喔。

阿爸の芋圓

📍 新北市永和區保平路 18 巷 1 號

📞 02-29247461

🥄 全素

53 歇歇腿的好所在

—— 在美軍豆乳冰 ——
我推薦雙享豆乳冰

有機會應該試試 ☆☆☆

#豆花　#濃厚系　#遵遁古法

　　喜歡濃濃的豆乳，來「美軍豆乳冰」就對了！「美軍豆乳冰」標榜製作豆花的黃豆 100% 使用產量少、高成本、無基改的台灣黃豆，從產地與生產農民契約種植，安心無農藥，煮漿過程不添加任何化學藥劑，無增稠劑，無消泡劑，以雙倍濃縮技術製作，是給消費者的安心保證，讓大家嘗到真正的黃豆香。店走開放式空間，吹著自然風，內部整體氛圍與招牌，有台灣本土懷舊風情，逛累審計新村，這裡是歇歇腿的好所在。

　　「美軍豆乳冰」提供豆製品，有豆花、豆乳飲料、豆乳布丁等。豆花是加豆漿，豆味很清香。豆花綿密細緻，甜度剛剛好，傳統的甜品，吃起來也不覺有負擔！推薦雙享豆乳冰，同時滿足抹茶控與草莓控。有冰淇淋、豆乳布丁、白玉小湯圓、餅乾棒，雙倍淋醬，用量十足，層次豐富，非常適合喜歡濃厚滋味的朋友，IG 拍照視覺上也很有震撼感。

美軍豆乳冰

📍 台中市西區民生路 380-2 號　📞 0989-008801　🍃 全素

54 小小一家蜜餞店

—— 在蜜桃香楊桃湯 ——
我推薦鹹楊桃湯

有機會應該試試 ☆☆☆

李鹹冰 # 烏梅冰 # 芒果干冰 # 我覺得他們的蜜餞很好吃

　　台南市中西區的「蜜桃香楊桃湯」，是我來台南必吃的冰之一。酸酸甜甜的古早味，總是讓我想到就流口水。蜜桃香創立於民國五十年，堅持傳統手工釀造，像是楊桃、青芒果、鳳梨等，保留天然純正的傳統滋味。我印象很深是有一次我喉嚨不舒服，喝了他們的鹹楊桃湯，頓時感到爽聲潤喉，隔天我的喉嚨不適就好多了。

　　會特別提到他們的鹹楊桃湯，是因為很費工。楊桃經過三個月的醃漬，再過濾熬煮，令人感到清涼退火。而一般人不曉得，買了一杯就短時間內喝完，但老闆說這對腸胃不好的人，很有可能會造成不適。正確喝法是成人一杯的量，在一天內慢慢喝完，建議大家可試試。

　　除了楊桃，李鹹冰、烏梅冰、芒果干冰都不錯。小小一家蜜餞店承載著台灣古早味的記憶，在現今充斥手搖杯的市場中，何不試試天然健康的選擇？

蜜桃香楊桃湯

📍 台南市中西區青年路 71 號　📞 06-2284228　🍃 全素

55 選最好的貨做最好的事

—— 在泰成水果店 ——
我推薦草莓加哈密瓜

有機會應該試試 ☆ ☆ ☆

每次經過「泰成水果店」，總是大排長龍，座無虛席。創意以哈密瓜為底座，中心挖空，可以選擇哈密瓜、百香果、檸檬、香蕉冰沙，上面放上新鮮草莓，或是土芒果、葡萄、火龍果、紅心芭樂等冰淇淋，吸睛的外觀與豐富的滋味，好拍又好吃，「泰成水果店」成為正興商圈的人氣名店實至名歸。

　　泰成水果店是 1935 年就開業的在地老店，原本只賣水果，後來開始轉型，推出以水果製作成果汁，搞起創意冰品，加入台南冰品混戰。他們推出的冰品都會根據當季新鮮水果調整，各人光顧時吃到的可能都不一樣。哈密瓜盅則是四季都有，夏天去的時候是綠色，季節不同會換成黃色，老闆說品種不同，但都是新鮮保證。我推薦草莓加哈密瓜，配上煉乳酸酸甜甜，再挖幾口哈密瓜和冰沙，爽口滋味非常解暑，千萬不能錯過！

泰成水果店

📍 台南市中西區正興街 80 號　📞 06-2281794　🍃 全素／奶素

56 涵蓋不同民情的特色甜品

—— 在 ICEMONSTER ——
我推薦香瓜鳳梨棉花田

有機會應該試試 ☆ ☆ ☆

#杏仁黑白切棉花田　#新鮮芒果棉花甜　#遊台北必訪之處　#穆斯林友好餐廳認證

　　曾被 CNN 評為全球十大必吃甜點的芒果冰，ICEMONSTER 我想大家並不陌生。號稱芒果冰的始祖，在永康街發跡，現在在台灣、美國、中國、日本等地都有分店。台灣分店挑高空間，加上大片落地窗，採光明亮，視覺以黃、藍色系為主，環境明亮又時髦。

　　我喜歡吃冰，夏天冬天都會吃；更喜歡吃水果，所以水果冰是最佳組合。ICEMONSTER 招牌「新鮮芒果棉花甜」是大家必點。但水果之中，我最喜歡鳳梨。「香瓜鳳梨棉花田」，兩種水果搭配，配上愛玉與冰淇淋，酸酸甜甜的滋味，是季節限定。「杏仁黑白切棉花田」，杏仁豆腐配上芝麻棉花冰與冰淇淋，是甜蜜濃厚系的人最愛。

　　ICEMONSTER 秉持「純粹‧自然」這樣的自豪與堅持，涵蓋台灣各地不同民情所發展出來的特色甜品。從水果到生鮮蔬果、五穀雜糧的運用，嚴選食材，並用創意呈現手作甜品，帶國外的朋友來吃冰，是很棒的選擇！

ICEMONSTER 微風松高店

📍 台北市信義區松高路 16 號（微風松高 1F）　📞 02-27229776　🍃 全素／奶素

57 吃冰也能有儀式感的體驗

────── 在月葉堂 ──────
我推薦芒果火花

值得去好好品嘗 ★☆☆

#宇治金箔 #楊枝甘露 #牛蒡茶

　　「真材實料」不止在食物上，就連冰品也是吃得出來差異的。在高雄這家「月葉堂」是以天然雪花冰為賣點，以獨門水果做成玫瑰花瓣吸引眼球。他們的每一塊冰磚都是用天然食材，以手工自製的方式作成，更強調不使用人工香料與食用色素。也不添加安定劑和乳化劑，讓雪花冰的口感有自然綿密的口感，又不會過甜。

　　「芒果火花」用小農無毒咖啡渣餵養的火龍果，切成美麗的花瓣，襯在當季新鮮芒果雪花冰上，再佐以黑糖珍珠香氣，讓口感層次蹦出驚喜。「宇治金箔」則是讓抹茶雪花冰，淋上自製香濃的奶霜，再灑上閃亮金箔讓吃冰吃出貴氣十足。而最近手搖飲店一窩蜂的「楊枝甘露」，在「月葉堂」才算真正的發揚光大。新鮮芒果雪花上，舖上現切芒果花瓣，淋上現打奶霜再堆疊葡萄柚果粒，自己再淋上海鹽奶醬，讓口感變化十足。每道冰品還會根據季節附上珍珠或白玉，以及養身的牛蒡茶，讓吃冰也能有儀式感的特殊體驗。

月葉堂
📍 高雄市三民區天祥一路 179-2 號
📞 07-3595991
🍃 全素／奶素

58 小秘密

────── 在 Mimiköri ミミ - 小秘密 ──────
我推薦香芋泥刨冰

此生必吃的美食 ★★★

新鮮葡萄刨冰　#Mimi 香草芒果　# 黑蜜蕨餅
賣品味不賣垃圾　# 屏東最美冰店

　　小秘密 Mimiköri 是家隱身屏東巷弄的日式刨冰店。開業於 2014 年的「小秘密
さな」應該是屏東最早引進日式刨冰的店家，2020 年移至目前新址，原本的店名「小
秘密さな」改成「Mimiköri ミミ - 小秘密」。車位一樣不好停，假日依舊座無虛席，
能開業那麼久，足見它在屏東的超人氣。一入眼簾的木質門面充滿濃濃日式風情，
店內的古董老物與人文書籍，還有復古的家具桌椅，散發獨特的文青氣息。環境優
雅舒適，這裡是屏東 IG 的熱門打卡地標，也是屏東必吃的美食之一。

　　夏天氣溫飆高，沒有什麼比來碗清涼刨冰更加爽快。香芋泥刨冰，用的是去頭
尾去左右邊檳榔心蜜芋頭，濃郁的芋泥淋醬與紮實的芋球，加上含有鹹蛋黃的卡士
達醬，冰內還有黑糖凍與白玉，層次與口感都非常豐富；新鮮葡萄刨冰，滿滿的巨
峰葡萄，好看好吃又好拍，健康滿點；Mimi 香草芒果，果肉甜美濃郁，搭上芒果、
野莓牛奶醬，風味十足。除了冰品，小點也出色，黑蜜蕨餅絕不能錯過。

Mimiköri ミミ - 小秘密

📍屏東縣屏東市市民享路 173 號　📞0906-986166　🥄全素／奶素

59 天然的尚好

────── 在痴愛玉 ──────
我推薦就是愛玉

值得去好好品嘗 ★ ☆ ☆

檸檬紅茶愛玉　# 老闆很熱情字很漂亮

　　「痴愛玉」是關山的人氣名店，販售加鳳梨糖的「就是愛玉」，以及加黑糖的檸檬紅茶愛玉。老闆強調市面上很多愛玉不是那麼純，有的會添加吉利丁，但她的愛玉純正天然，數量也有限，很多朋友中午過後不久前來便已賣完，常常來時店也沒開。台東人真的很隨性，建議來時先打電話確認以免撲空。

　　愛玉本身是有香氣的，也可以用不同的飲料洗愛玉。之前老闆嘗試用初鹿鮮乳洗愛玉；也透露特別的吃法用米酒洗愛玉，吃薑母鴨時可加入，口感與味道都很讚。愛玉有一百多種品種，全世界只有台灣有，之前有觀光客說東南亞也有，但那是薜荔，不是愛玉，口感和味道都與台灣愛玉相差甚遠。愛玉還分公母，一般食用都是母愛玉，因為母的才有膠質。冬天愛玉也可變身為燒愛玉，加上黑糖薑汁，風味獨特。真正的愛玉加熱後是不會融化的，老闆歡迎大家來品嘗真正天然的愛玉！

痴愛玉

📍 台東縣關山鎮中山路 105 號 956　📞 0936-257478　🍃 全素

60 米其林推薦中華甜品

—— 在佳佳甜品 ——
我推薦芝麻糊併核桃露

值得去好好品嘗 ★☆☆
#杏仁露 #冰糖燉木瓜

　　「佳佳甜品」創立於 1979 年，相較於香港店，台灣店內裝潔白色調帶質感，
大紅 Logo 簡單醒目，整體顯得新潮許多。雖是時尚裝潢，賣得卻是傳統甜品，品
項不算太多但都是經典：芝麻糊、核桃露、杏仁露、燉品等。「佳佳甜品」走養生
路線，雖然價格不算便宜，但對於想吃養生甜品卻不想花時間做的人來說，是一大
福音。

　　芝麻糊、核桃露、杏仁露、芋茸蓮子西米露、蓮子紅豆沙可任選二做成雙拼，
兩者混合滋味很好。芝麻糊併核桃露味道醇厚，不會過甜；杏仁露純白濃稠，不是
透明加工的那種，味道淡雅，無化學杏仁味。冰糖燉木瓜，風味細緻，木瓜也很新
鮮。「佳佳甜品」不管冷熱味道都很好，用餐環境舒適，人潮很多但很快就排到，
整體皆在水準之上。平日營業至晚上十一點，周末到凌晨十二點，依目前店都開在
信義區，當甜點、宵夜都是很好的選擇。

佳佳甜品

📍 台北市信義區松壽路 11 號 2 樓（A11 二樓空橋）　📞 02-27697998　🥄 全素

61 就是要可愛

────── 在屮水木堂 ──────
我推薦甜甜圈

值得去好好品嘗 ★☆☆

香橙牛奶卡士達　# 玫瑰海鹽牛奶糖　# 烤布蕾紅豆　# 菜單跟旋轉木馬會更換

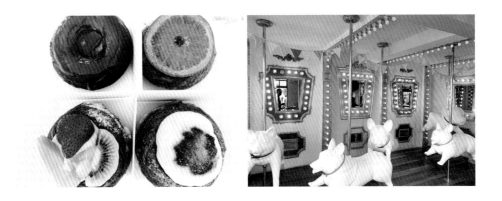

　　審計新村老宿舍群活化之後，吸引越來越多文創小店進駐。很多店風格獨特，值得一逛，「屮水木堂」的旋轉木馬與夢幻風格，更是許多女生及網美拍照打卡的地方。「屮水木堂」店內的空間不大，為了讓大家有足夠的拍照空間，假日會控制入場人數。「屮水木堂」餐點是簡餐為主，推薦蔬食者這裡的甜甜圈，造型做得美，吃起來也味道也很棒！

　　香橙牛奶卡士達，費時費工，光熬煮就要花六個小時，還要靜置悶六個小時，精華全部濃縮橙片中，搭配卡士達的奶香，咬下一口讓人意猶未盡；玫瑰海鹽牛奶糖，濃郁的口感，鹹甜鹹甜的夢幻滋味，男生女生都會喜歡；烤布蕾紅豆使用的是萬丹紅豆，不會死甜，可以咀嚼到紅豆與麵團的香味。另外值得鼓勵的是「屮水木堂」的服務非常好，就算人潮眾多，經營者仍是細心招呼，完全可以感受到熱誠，在這裡用餐、拍照，不會感到有壓力，絕對吃得開心，拍好拍滿。

屮水木堂

📍 台中市西區民生路 364 號　📞 04-23019569　🥄 蛋奶素／葷素共食

62 初心與堅持

—— 在法米法式甜點 ——
我推薦老媽媽檸檬塔

有機會應該試試 ☆☆☆

\# 可麗露　\# 冰淇淋繽紛花園　\# 美國白蜜桃
\# 藍莓乳酪　\# 南國鮮芒果　\# 也有喜餅與彌月禮

　　「法米 LaFamille 法式甜點」2007 年從雲林斗六發跡，源自法文「LaFamille」有著家庭、家人的意思。法米的主人是個女生，到了法國學習製作甜點，之後回到家鄉雲林開設法式甜點店，一開始不被看好，只有朋友、老師來捧場，還被人踢館說在鄉下地方竟賣得比連鎖蛋糕店貴。但她秉持著甜點就是為家人製作的點心，不計成本使用各國頂級食材，搭配家鄉盛產的新鮮蔬果，融合巴黎藍帶所學的甜點技巧製作天然樸實的鄉村點心，收服街坊鄰居的心，更引來媒體報導，業績突破性成長，還到台中開起了分店。

　　法米以「家」為概念，將從小居住的老屋重新翻修，以白色簡約的風格，巧妙呈現對歐式風情，以及保留對老家懷舊心情。第一次來是拍《豐和日麗》的時候，當時法米還沒那麼紅，但甜點讓人印象深刻。甜點櫃琳瑯滿目，讓人每個都想嘗一口。推薦不敗招牌老媽媽檸檬塔，真材實料，酸甜爽口的滋味，完全可以感受到用心；可麗露外脆內軟，層次豐富，很適合當下午茶的小點心；冰淇淋繽紛花園，鬆軟泡芙夾著冰淇淋，美國白蜜桃、藍莓乳酪、南國鮮芒果，都是不錯的選擇。

法米法式甜點 斗六總店

📍 雲林縣斗六市南興街 17 號　📞 05-5345499　🍃 蛋奶素／植物五辛素

63 一個讓人想深深擁抱的地方

—— 在木溪 Mercikitchen ——
我推薦蔓越莓

有機會應該試試 ☆☆☆
#草莓 #焦糖蘋果 #肉桂奶油蘋果
#蜜香奶油鐵觀音 #沼澤麻糬 #專注感受當下

手工英式司康 Scone，又稱英式鬆糕，源自蘇格蘭，是典型的英國傳統點心。歐洲人形容司康是午茶主角。剛出爐的司康會受當天溫度、濕度而有不同的樣子。熱騰騰外酥內軟的口感，一口咬下滿是濃郁奶香與麵團香氣，樸實卻優雅細緻的司康，使用食材有麵粉、牛奶、雞蛋、砂糖、泡打粉、果乾。食用方式是將烤好的司康橫切開一分為二，抹上酸甜果醬，再抹上質地細緻的德文郡奶油醬，是經典的甜點。

之前台灣文學館主辦了「餐桌上的文學」，我應邀參加了一場「現場教你做司康」的活動，和「木溪 MerciKitchen」主廚黃雅琦一起做司康。因為在此之前吃過的司康口感都柴柴乾乾的，但跟著西點達人從麵粉過篩開始學，一個多小時之後，做出了生平的第一個司康，竟是如此鬆軟濕潤，翻轉之前對司康的刻板印象。特別推薦這裡的蔓越莓、草莓、焦糖蘋果、肉桂奶油蘋果、蜜香奶油鐵觀音、沼澤麻糬口味。茶類的司康都能品嘗到淡淡茶香；沼澤麻糬內餡的麻糬與司康融合的口感很特別，層次也很豐富。司康是能夠讓人感到優雅與幸福的甜點。

木溪 MerciKitchen

📍 台南市北區自強街 30 號

📞 06-2219319

🍃 蛋奶素／葷素共食

64 老宅第新生命

───── 在書店喫茶一二三亭 ─────
我推薦香蕉巧克力煎餅

值得去好好品嘗 ★ ☆ ☆

#洋芋青蔬　#假日限定的「一抹」　#蜂蜜優格

　　一二三亭（ひふみてい），一家最早可追朔至1914年的日本料亭。經歷戰前的繁華，躲過美軍的轟炸；從高級料亭到今天的喫茶店，這是一座跨越百年，看盡高雄繁華起落的日治、戰後建築混合體。「書店喫茶一二三亭」是高雄少見的老房子咖啡館，捷運西子灣站2號出口步行5分鐘，外觀簡樸素雅，推開門入內後，挑高寬敞的空間與採光，讓人眼睛為之一亮。露出舊建築的檜木屋頂梁柱，保有懷舊的古味；明亮、乾淨不雜亂的環境，搭配古本、新冊、文具、喫茶……濃濃的舊日式文青風，很適合在這裡閱讀、談天，或什麼都不做。

　　香蕉巧克力煎餅分量十足，煎餅鬆軟紮實，冰淇淋香濃爽口，飽足感很夠；洋芋青蔬是蛋奶素，分量可當正餐，洋芋也很好吃；假日限定的「一抹」，充滿日式優雅的和果子，甜而不膩，搭配咖啡或茶飲皆宜；蜂蜜優格味道清新，也很健康。飲料與咖啡都在水準之上。建議太陽快西下時來，夕陽透過老舊窗戶篩入的光影，超適合這裡的懷舊氛圍，彷彿進入了時間之流中，凝結在港都的幸福時光裡。

書店喫茶一二三亭

📍 高雄市鼓山區鼓元街4號2樓

📞 07-5310330

🍃 蛋奶素／葷素共食

65 舊回憶新體驗

──── 在林金生香研香所 ────
我推薦麻芛冰茶

值得去好好品嘗 ★ ☆ ☆

＃麵茶歐蕾　＃麻芛包　＃老建築賦予新意

　　傳承一百多年的餅店「林金生香」，創立於 1866 年，目前傳至第五代，延續麻芛的賣點，設立「林金生香研香所」提供中西式下午茶、點心與禮盒販售。麻芛（又稱「麻薏」）是中部特有農產，為黃麻的嫩芽，大量種植於台中南屯，梗皮製成麻袋、麻繩，嫩葉就成了老台中人的美食。一般以鹹食居多，多次搓洗出苦水再加入地瓜、吻仔魚下鍋熬煮，就是一碗古早味麻芛湯。

　　少有人將麻芛做成湯品以外的美食，因搓洗出苦水費時又費力，更遑論磨粉加工。「林金生香」發揮實驗精神，推出麻芛狀元糕、麻芛松子酥等，賦予麻芛、老餅新風貌；日後更推出麻芛歐蕾、麻芛冰淇淋、麻芛生乳酪等商品，打入年輕人市場。「林金生香研香所」原址改建，保留的閩式紅磚拱門，原是街上長廊。現場還有手作體驗，現做的三種狀元糕，經揉捏、壓模、收邊、脫模，自己做的吃糕餅起來柔軟細緻，完全不乾。推薦這裡的麻芛冰茶，帶有微苦的青草味，喝起來清爽降火氣；麵茶歐蕾嘗起來富濃濃的古早味；麻芛包內餡是竹筍與酸菜各一，搭配外皮揉進麻芛，風味獨特。

林金生香研香所
📍 台中市南屯區萬和路一段 59 號
📞 04-23899857
🍃 全素／蛋奶素／葷素共食

66 歲月靜好

────── 在阿榮柑仔店 ──────
我推薦柴燒鳳梨乾

有機會應該試試 ☆ ☆ ☆

蜜香紅茶　# 紅烏龍　# 鳳梨冰砂　# 秀明農法

　　「阿榮柑仔店」，阿榮夫妻遵循秀明自然農法無農藥無肥料的農作方式，提供的產品都是維根（Vegan），店內環境樸實無華，悠閒平靜，很符合鹿野的緩慢風格。柑仔店販售使用秀明自然農法小農的農作物及製品，例如地瓜、有機茶、有機咖啡、鳳梨醋等，也賣一些台東小紀念品及明信片。到一旁的咖啡店坐坐，現場可享用阿榮的飲料與茶點。

　　柴燒鳳梨乾透過蒸及烘的做法，讓鳳梨滋味鎖在其中，配上蜜香紅茶與紅烏龍，盡收鹿野在地風味。以自然農法栽種的金時地瓜和紫爵地瓜，完全能品嘗善待土地後蔬果自然的鮮甜。讓人暑氣全消的鳳梨冰砂，內有鳳梨乾、鳳梨切片及鳳梨醋，酸酸甜甜的滋味令人難忘。這裡也有打工換宿的機會，採鳳梨、下田幫忙、顧店，從容不迫融入鹿野生活中。來「阿榮柑仔店」逛逛，與老闆或客人聊聊生活，快意人生應是這幅景象。

阿榮柑仔店

📍 台東縣鹿野鄉光榮路 163 號　📞 0910-176827　🍃 維根（Vegan）

67 夕陽與時光在書店裡凝結

—— 在書粥和先毛窩 ——
我推薦手工香煎饅頭

有機會應該試試 ☆☆☆

#野蛋 #杏仁厚瓦片 #迷迭香脆餅
#果醬自沖茶品 #小時不讀書 #長大開書店

「書粥」是一間位於長濱的書店，由台南正興商圈推手「正興幫」的高耀威所開。「書粥」營業時間：下午一點到傍晚七點，耀威說盡量不公休，打烊的時間也變隨性的，符合台東長濱人的生活風格。「先毛窩」是一間民宿，女主人是阿先，老公是眉毛。「先毛窩」的饅頭是用台灣喜願小麥經緩慢發酵製成，週二會於長濱書粥出攤，如果不住民宿，還想嘗嘗手工香煎饅頭的滋味，可以週二來「書粥」看看。

　　手工香煎饅頭經咀嚼後，口腔中散發香甜，饅頭裡也有芝麻等餡料，搭配起來風味特別。除了手工香煎饅頭，這裡還可以吃到野蛋、杏仁厚瓦片、迷迭香脆餅等，配上「書粥」裡販售的果醬自沖茶品，夕陽與時光在書店裡凝結，喜歡步調緩慢的文青生活，可以來此體驗看看。

書粥
📍 台東縣長濱鄉長濱村 22-1 號　📞 0936-263913　🍃 全素

先毛窩
📞 0975-276067　🍃 蛋奶素

68 享受一整個下午的舒心悠閒

—— 在森山舍 ——
我推薦巴薩米可醋風味蔬菜米食料理

有機會應該試試 ☆☆☆

＃熱壓三明治套餐　＃morning mountain　＃春耕夏耘秋收冬藏

　　「森山舍」是一間和洋式日式老房舍，前身是林務局的宿舍。空間規劃時，以最低拆修為原則，修復幾十年的老房子，讓房子融入自然，回歸大山。這裡採收花蓮春夏秋冬的風土，提供自家栽種，無農藥施作的旬時野菜、四季果物，將產於當地的樹豆、紅糯米、馬告等山菜作物放入料理之中。循時而採，自家栽做，依季節耕種採食，隨風土品嘗慢食，他們的料理，就如同他們對待老房舍的精神一樣。

　　「森山舍」空間很大，不同位置可以欣賞到不同的景觀，也很適合拍照，整體散發自然的文青風。餐食推薦巴薩米可醋風味蔬菜米食料理，以及熱壓三明治套餐。三明治採用小麥之職人全麥吐司，搭配白切達和莫扎瑞拉起士，風味濃郁。建議平日來，如果能坐到前面一片綠油油的窗前區，相信可以享受一整個下午的舒心悠閒。

森山舍

📍 花蓮縣花蓮市林政街 10 號　📞 03-8351987　🍃 蛋奶素／葷素共食

Chapter

4

愛是唯一的添加物
＋
手作料理 16 道

我一直覺得我不會做菜，但回想小時候，媽媽為了家計兼了兩份工作，常常沒時間煮晚餐，都是我煮給弟弟吃。我在廚房裡看著媽媽做菜，所以學會料理這件事，我會做的，也不過就是幾道簡單的菜。到上高中了，時間花在課業上，就沒有再想過自己下廚這件事，時間一久，就認為自己是不會做菜的人。這一章「愛是唯一的添加物」，我也相信著，不用害怕做菜這一件事，只要有愛，吃的人都能感受到。

火龍果炒飯

　　一到了夏天，我常常會覺得胃口變小了。其實，正確說應該是食「欲」變小了。這時，用水果入菜的餐點會格外地吸引我。對我來說，火龍果嘗起來沒什麼味道，偶爾吃起來還有點土味，老實說我不是很喜歡吃。一直到，我在台東的餐廳，嘗到用火龍果入菜的炒飯，才改變我對它的印象。回到家後，我就想著自己也動手做一道試試看，結果成品出來，超乎我想像的好吃。

　　火龍果在烹煮後，微微散發著獨特香氣，一入口嘴裡都是清爽香味。同時，它富含植物性蛋白質以及水溶性膳食纖維，在夏天是當季盛產的水果，有助維持腸道的「順暢」、消水腫。火龍果炒飯做起來很簡單，很推薦你也嘗試下廚做做看。

材料

火龍果 一顆
白飯 兩碗
豌豆 少許
玉米粒 少許
紅蘿蔔切丁
白芝麻
海苔絲

作法

1　先電鍋煮兩碗白飯備用。

2　火龍果打汁，用濾網去掉果渣，留下半杯備用。

3　熱油鍋。

4　將切丁紅蘿蔔和玉米粒及豌豆下鍋拌炒熟備用。

5　再次下油鍋，將煮熟白飯下鍋拌炒。

6　將火龍果汁緩緩倒入炒飯裡，均勻拌炒到白飯均勻入色。

7　加入備用的紅蘿蔔，豌豆和玉米粒一起拌炒。

8　盛盤後，灑一些白芝麻和海苔絲。就是一道非常爽口又香氣十足的夏日料理。

紫薯牛奶脆粒果麥

　　很多人會認為，早餐是最重要的一餐要認真吃。但也有很多人，也許是趕著上班、上學，早上常常都狼吞虎嚥地，只是把肚子填飽而已。我做的這一頓早餐，不但可以很快速完成，還可以讓我們營養、美麗一整天。

　　「紫薯牛奶脆粒果麥」換言之，選用了紫藷地瓜，它的花青素和纖維質都很豐富，只要事先蒸熟再搗碎，加入適量的牛奶和脆粒果麥，就可以美美的吃好一餐。值得一提的是，花青素有強大的抗氧化能力，可以清除身體的自由基，抗衰老，對視力以及心血管的健康也很有幫助喔。

材料

紫薯一條
鮮奶一杯
脆粒果麥適量

作法

1　將紫薯洗乾淨除去外皮切塊。

2　切塊紫薯蒸熟。

3　用搗泥器將紫薯搗成泥狀。

4　加入鮮奶和脆粒果麥。

熔岩巧克力蛋糕

　　熔岩巧克力蛋糕，法語是 fondantauchocolat，意思是「融化的巧克力」；它也被稱作岩漿巧克力蛋糕，法語是 moelleuxauchocolat，意思是「濕潤的巧克力」。在法國小說家筆下，被形容是「邪惡的」甜點，一直都讓我又期待，又怕受傷害。為什麼我會這麼說？

　　其實，巧克力是我的過敏原之一，所以我一向不太吃的，一直到我買了氣炸鍋，很快地學會做熔岩巧克力蛋糕以後，我就無法克制自己，不斷地想再一嘗它入口時香滑甜蜜的幸福滋味。

材料

巧克力 150 公克

奶油 150 公克

糖 65 公克

低筋麵粉 50 公克

新鮮雞蛋 3 顆

可可粉適量

作法

1　烤模內緣刷上奶油，再舀一匙可可粉倒入烤模中，轉一圈讓可可粉附著於內緣，將多餘可可粉倒除。

2　巧克力與奶油放入容器，隔水加熱至融化並均勻攪拌。

3　將蛋與糖均勻攪拌打勻至糖融化即可，再與巧克力奶油餡攪拌。

4　麵粉過篩後加入巧克力餡拌勻至無顆粒且滑順，倒入烤模中（約 9 分滿），放入冰箱冷藏至表面凝固。

5　放入氣炸鍋中設定溫度 180℃、10 分鐘，待時間運作完畢後倒扣於盤上。

韓式泡菜炒飯

　　我一直很喜歡辣中帶酸的泡菜，尤其是韓國醃漬泡菜，去首爾旅行時，每天吃都不會膩。有一天我突發奇想，就把韓國的庶民美食泡菜炒飯和「新豬肉」結合在一起，最有趣的是，單憑我的想像而已，只用簡單幾個步驟，最後加上一顆水波蛋，就做出了這一道泡菜「豬肉」炒飯，味道比我記憶中的泡菜炒飯都要來得香又好吃。

　　所以，你記憶中的好味道，也可以試著自己做做看，喜歡的食材可以大膽嘗試結合，你會發現，你也有了自己的創意食譜呢。

材料

韓式泡菜
洋蔥
新豬肉
蔥
蛋
海苔

作法

1　先將泡菜水擠乾，把泡菜切細。

2　用洋蔥爆香，然後放入新豬肉下去炒。

3　淋上醬油提味。

4　把切好的泡菜，洋蔥放進去一起炒。

5　把飯放進去拌炒。

6　海苔烘一下捏碎灑上，加一點香油。

7　煮一顆水波蛋放上。

8　再灑一些蔥花就完成了。

漬柳橙戚風蛋糕

　　我非常喜歡水果，也很喜歡甜點，兩者加在一起更讓我無法抗拒。有一天我發現家裡有當季的新鮮柳橙，就想著做一個柳橙戚風蛋糕。我只要腦袋一靈光乍現，就會想要試試看、做做看，結果發現，其實步驟也不多，我一試就成功了，好有成就感。戚風蛋糕加入柳橙果香，口感更有層次，讓我不知不覺，一口接一口地，最後自己一個人全部吃完一整個蛋糕。有一點值得注意的是，蛋黃糊跟蛋白糊要分開製作，請參考下方作法。

材料

蛋黃糊蛋黃 2 顆
細砂糖 5 公克
橄欖油 25 公克
新鮮柳橙汁 45 公克
蜜漬柳橙果醬 3 匙
低筋麵粉 65 公克
蛋白糊蛋白 2 顆
細砂糖 10 公克

作法

1　將蛋黃糊的材料攪拌均勻，放入過篩的低筋麵粉。

2　蛋黃糊攪拌均勻後放置一旁，讓氣炸鍋 160 度預熱 10 分鐘。

3　將蛋白糊的材料，用電動攪拌器將蛋白糊打發（要打到蛋白粘在攪拌器上不會掉落）。

4　將蛋白糊和蛋黃糊混合輕輕攪拌均勻倒入烤模。

5　放入氣炸鍋前將烤模輕輕敲幾下讓空氣跑出來，蛋糕才不會有洞。

6　放入氣炸鍋 140 度烤 20 分鐘。

7　取出倒扣然後在表面用蜜漬的柳橙裝飾，就可以享用了。

排毒莓果缽

　　在匆忙的每一天的日常裡，慢下腳步是我們常常要提醒自己的，這一道排毒莓果缽，可以讓我們的身體和心靈一起排毒，非常療癒。每一個人在家都可以輕鬆完成。

　　莓果缽是以火龍果做基底，火龍果富含維生素和水溶性膳食纖維；新鮮的藍莓緩和我們疲勞的眼睛；加上櫻桃花、夏堇、櫻草花，有豐富青花素，都是可食用的花，對我們的睡眠也很有幫助；其中還有絲菊，幫助我們對抗病毒，抗衰老。奇亞籽讓我們有飽足感，維持體態，降低膽固醇和三酸甘油脂。最後，再撒上被稱為是抗氧化之王的堅果，活腦抗老，養顏排毒，美味的莓果缽就完成了。

材料

紅肉火龍果一顆

奇亞籽少許

新鮮藍莓少許

綜合堅果少許

新鮮櫻桃花

新鮮夏堇

新鮮櫻草花

新鮮絲菊

作法

1　挖出火龍果果肉打成汁，放入碗裡。

2　依序擺上各種材料。

義大利野菇燉飯

我一直都很愛燉飯，平日裡只要上義大利餐廳，燉飯就會是我首選的主食。我第一次嘗試自己做，就做得很成功。正統的燉飯是將生米慢慢翻炒，慢慢燉煮到六、七分熟，我喜歡軟中帶Q勁的口感，每個人可以依照自己的口味調整軟硬度。我用的是 Arborio 義大利米，加入白酒及炒過的野菇、洋蔥，持續燉煮，讓每一顆米粒都吸足滿滿湯汁，最後放入奶油和帕馬森起司，一碗香氣逼人，口感層次豐富的野菇燉飯就完成了。

材料

燉飯米 150 公克

洋蔥 1/4 顆

綜合菇約莫 6 朵

白酒 1 杯

奶油一湯匙

帕瑪森起司

素高湯

作法

1 熱鍋將切碎的洋蔥爆炒到半透明狀。

2 將義大利米下鍋，倒入一杯白酒一起翻攪。

3 準備一個另一個鍋子，用熱油大火爆炒綜合菇上色。

4 將炒好的綜合菇放入米鍋裡一起燉煮。

5 當米粒呈現軟中帶有Q勁口感時，加入奶油和帕瑪森起司。

6 最後調味加入適量的鹽和胡椒調整口味。

佛陀碗

　　「佛陀碗」讓我們盡可能多吃各種顏色，和營養豐富的食物，是近年來歐美十分流行的蔬食餐點。「佛陀碗」取自佛陀沿路化緣時，手上拿的一個碗，路上人家給的食物，一樣一樣放進碗裡，組合成一餐，就稱作佛陀碗。佛陀碗主要以穀物、蔬果與與植物性蛋白質三種食材為主。它的做法很簡單，備料比較多，可以自由變化食材，依照個人喜好而定。

　　我的佛陀碗，選擇了白藜麥，紅藜麥，黑藜麥，秘魯的三種藜麥，加上小米、黑豆，和鷹嘴豆當做基底。蔬菜則以孢子甘藍、地瓜、綠花椰菜、櫻桃蘿蔔、玉米筍、南瓜、甜菜根、金針菇、紅椒等為主。醬料則是使用橄欖油、搭配胡麻醬和一些堅果。色彩豐富，又讓人食指大動的佛陀碗完成了。

作法

1　將藜麥，加上小米、黑豆放到電鍋中。

2　同時將地瓜、綠花椰菜、玉米筍、南瓜、甜菜根隔水蒸煮。

3　汆燙花椰菜、金針菇、紅甜椒。

4　蒸好的穀物拿出來攪拌。

5　將所有的蔬菜放在穀物上盛盤。

6　淋上橄欖油和胡麻醬。

7　放上幾朵可食用的櫻桃花菊和杏仁就大功告成了。

五行開運湯圓

　　每一年，二十四節氣中的「冬至」一到，習俗上就是要吃湯圓。這一天，我突發奇想，帶著公司同事一起搓「五行湯圓」，希望讓好運滾滾來，壞運通通搓掉。然後，就用天然的色素，幫傳統的湯圓上色，換上新裝大變身，這一道用抹茶粉、蝶豆花、紫肉火龍果，薑黃粉做成綠色、藍色、紅色、黃色、白色的「五行湯圓」，不僅外觀療癒，口感更是軟Q。我們沒有花很多時間，你也可以，讓家人、朋友團聚，享受一起搓湯圓的樂趣。

材料

天然色素材料：

金（白色）：水 60 克

木（綠色）：抹茶粉 2 茶匙＋水 60 公克

水（藍色）：蝶豆花 10 朵＋熱水 60 公克（注意喔，孕婦與正處生理期的朋友不可食用喔）

火（紅色）：紫肉火龍果 60 公克＋水 20 公克（打成果汁）

土（黃色）：薑黃粉 1 茶匙＋水 60 公克

湯圓材料：

糯米粉 75 公克

黑糖水：

老薑 100 公克

水 800 公克

黑糖粉 160 公克

枸杞個人喜好加入

作法

1　將五種顏色天然色素材料，分別混合糯米粉揉成湯圓形狀備用。

2　拿一個鍋子，放入適量的水。

3　沸騰後投入老薑、黑糖轉小火慢熬。

4　然後加入枸杞，繼續熬。

5　另一鍋水煮開後，投入揉好的湯圓。

6　湯圓浮起來以後，就可以撈起來，放入碗中。

7　加入適量的黑糖水。

8　色香味俱全的五行湯圓就完成了。

手作土鳳梨酥

　　市場上，有很多鳳梨酥品牌，不論是作法上、口感上都各有高下，不同品牌也有各自的人氣。我是個鳳梨控，鳳梨相關的產品我都喜歡，市售的鳳梨酥，對我來說，偏甜和偏油膩，於是我試著用氣炸鍋自己做土鳳梨酥。我自己做的鳳梨酥，刻意減少糖和油脂的比例，結果很合我的口味，意外的好吃。我的土鳳梨酥內餡微酸，搭配奶香餅皮酸甜中和恰到好處，再喝上一杯好茶，就是最台灣味的下午茶了。

　　自己做鳳梨酥，就不用再去人擠人，排隊買伴手禮了；手作的心意更濃，收到的人會更加感動，你也可以動手做做看。

材料

奶油 140 公克

糖粉 50 公克

蛋黃 2 顆

低筋麵粉 280 公克

奶粉 20 公克

土鳳梨餡

作法

1　先把奶油放室溫軟化。

2　把糖粉過篩，慢慢放入奶油盆裡攪拌。

3　倒入兩顆蛋黃，均勻攪拌。

4　讓奶粉，麵粉先過篩，然後用刮刀將所有材料攪拌均勻。

5　蓋上保鮮膜，放進冰箱 10 分鐘（麵團才不會過乾）。

6　把麵糰取出，將 25 公克的土鳳梨餡包入 35 公克的麵團，然後用手塑形。

7　放入模具用手壓平。

8　放入 170 度 10 分鐘的氣炸鍋（5 分鐘時要翻面）。

草莓大福

草莓季限定的「草莓大福」，是我最喜歡的日式甜點之一，每次去日本都一定要吃到。看起來很費工的「草莓大福」，其實沒有很難做，我第一次做就成功了。我的「草莓大福」軟 Q 彈牙，綿密的紅豆粒餡，加上酸甜多汁的新鮮草莓，多層次的滋味，不輸給外面專業販售的大福喔。

材料

紅豆餡
紅豆 100 公克
餅糖 50 公克
鹽巴 1 小撮

大福皮
糯米粉 100 公克
砂糖 50 公克
水 120cc
草莓 5 至 6 個
片栗粉（日式太白粉）適量

作法

1 泡過的紅豆放入鍋子裡，加入水開火。繼續小滾，煮到用手可以壓扁的程度。

2 水倒掉，豆子沖一下再加入水繼續煮到豆子開始破開。

3 煮到破開後水倒掉，放回去鍋子裡加入冰糖、鹽巴。開中小火。加入一點鹽巴可以提味。

4 用壓碎器把紅豆壓碎後拿出來放涼。

5 把大福皮的材料放入碗裡攪拌好。

6 把大福皮麵糊放入蒸籠。蒸大概 5 分鐘後拿出來攪拌一下再蒸 3 到 4 分鐘。

7 蒸好的皮拿出來用麵棍攪拌好到有光澤和滑潤的狀態。

8 把洗好的草莓用紅豆餡（大約 20 公克）包起來。

9 把大福皮挖出來（大約 42 至 43 公克）灑一些片栗粉在上面。

10 用手把大福皮壓成圓型。用刷子去掉表面多餘的粉。

11 把紅豆餡放在大福皮中間，包起來就完成了。

熱紅酒

　　「熱紅酒」歷史悠久，早在二世紀的羅馬就存在。十九世紀的狄更斯也在他著名的小說《聖誕頌歌》中一再提及，英國人多熱愛「熱紅酒」。它是歐洲聖誕節必喝的傳統飲品，在冬天聖誕市集、路邊餐車攤販或在酒吧，都能點到一杯熱紅酒，除了暖和身體外，也能避免疾病。

　　我的熱紅酒，加入肉桂，豆蔻，八角和薑片，搭配一些蜂蜜，柳橙及檸檬，慢慢加熱至沸騰，然後轉小火，直到紅酒跟香料、其他材料融合一起，香氣四溢就完成了。「熱紅酒」的氣味豐富，喝起來口感香甜，淺嘗幾口，身體漸漸暖起來，再喝幾口，慢慢會有一種絕妙的愉悅感。聖誕節做「熱紅酒」，節慶氣氛極佳，是朋友聚餐時的好選擇之一。

材料

紅酒一瓶
新鮮柳橙汁
柳橙皮
肉桂棒少許
八角少許
丁香少許
砂糖

作法

1　首先，在鍋子裡先倒入 100ml 紅酒、新鮮柳橙汁。

2　再添加一些從柳橙表面刮下的柳橙皮。

3　和肉桂棒、八角、丁香、砂糖一起倒入鍋中。

4　以中小火熬煮至砂糖融化且接近沸騰時，再轉成小火慢熬約 15 分鐘。

5　最後再將剩餘的 300ml 紅酒加入，續煮 5 分鐘即可趁熱飲用。

素香蟹黃豆腐煲

　　蟹黃豆腐是餐廳大菜，自己在家煮一點也不難，用紅蘿蔔泥和南瓜泥，就可以替代蟹黃，做成「素香蟹黃豆腐煲」，一點也吃不出來是蔬食料理。熱呼呼的湯汁，跟入味的豆腐一起，淋在白飯上，包準你一碗接一碗的，非常下飯。

　　「素香蟹黃豆腐煲」的金黃湯汁，來自於紅蘿蔔的天然色素，其中像蟹黃一樣的口感，將紅蘿蔔做成不規則、碎屑狀，也是一道手工。幾乎所有的葷食，都能以蔬食替代料理，「素香蟹黃豆腐煲」比起一般的豆腐煲，更別有一番風味，而且是老少咸宜，小朋友也會喜歡。

材料

紅蘿蔔 200 公克

南瓜 150 公克

以上切碎

芹菜末 50 公克

青豆仁少許

薑末少許

豆腐兩塊

糖、胡椒少許

玉米水勾芡汁

香油

作法

1　熱鍋，放芹菜末 50 公克與薑末，少許。

2　南瓜與紅蘿蔔入鍋炒過。

3　滾鍋以後加糖、胡椒、青豆仁。

4　放入豆腐兩塊，滾煮，放鹽。

5　玉米水勾芡汁，往外推均勻。

6　放入芹菜末，香油。

辣炒新豬肉

　　有一次，蜜糖吐司的老闆跟我說，他在開發鹹食菜單，正考慮到蔬食餐點。我一聽就推薦了「新豬肉」（Omnipork），他很心動，就請他們主廚使用新豬肉，研發新的菜單。但是，新豬肉的價格，是一般豬肉價格的四倍，他驚訝不已。然而我卻認為，「新豬肉」更營養健康，這樣的生意做起來，不是更有理念！

　　「新豬肉」是一種用豌豆、非基改大豆、香菇和米等全植物製成的豬肉，口感、味道與真實豬肉相似；相較一般豬肉，它零膽固醇，飽和脂肪低 82%，熱量低61%；「新豬肉」的鈣質多了 260%，鐵質多了 127%，更無激素和抗生素問題。所以，現在全世界正在流行「新豬肉」。

　　健康意識抬頭，就會更重視，從產地到餐桌上的過程。當「新豬肉」出現在我們的世界上，我就迫不及待地，想要跟很多人分享，因為「新豬肉」不但可以滿足我們的味蕾，對健康也很有幫助喔。

材料

新豬肉 250g

蒜末 2 小匙

香茅少許

辣椒 1 根

番茄 80g

九層塔 25g

醬料

醬油 5 大匙

檸檬汁 5 顆

糖 15 小匙

米酒 1 大匙

作法

1　香茅、辣椒、小番茄、蒜頭、糖、醬油以及米酒先下鍋去炒。

2　炒香了以後起鍋，接著炒新豬肉。

3　新豬肉稍微有點熟了，再把剛剛的醬料倒進去跟新豬肉一起炒，讓新豬肉完全吸收醬汁。

4　最後收汁了再把九層塔放進去翻一翻，就完成了。

5　口味想要酸一點，可以再擠些檸檬汁進去翻炒一下。或準備檸檬丁在一旁隨喜好調味。

紫薯奶蓋烏龍麵

「奶蓋」是由鮮奶和鮮奶油打發而成，覆蓋在基茶上頭，近來在手搖飲市場上很受歡迎。同樣的概念，在料理上，將山藥淋在烏龍麵上，加一點醬油，口感濃郁不失清爽。而「奶蓋烏龍麵」在韓國流行已久，奶香濃郁，口感滑順，雪白賣相非常吸睛，是一款創意美食。

「紫薯奶蓋烏龍麵」加上了紫薯，純屬我的想像力，而實驗的成果，讓我非常驚奇，不但滿足我的好奇心，也滿足我的味蕾。我近來很推薦紫薯，它除了包含一般紅薯的功效之外，還含有大量的花青素，是天然的抗氧化劑，對血壓的控制也很好，推薦讀者們，也可以在家自己做做看。

材料

紫薯三至四顆
牛奶一杯
鮮奶油一大匙
起司粉
鹽少許
黑胡椒少許
烏龍麵
味醂
醬油
奶油一塊
昆布高湯
迷迭香葉少許

作法

1　紫薯蒸熟，放入調理機中，拌打成泥，一邊適量加入牛奶、鮮奶油、起司粉、少許鹽、胡椒。

2　烏龍麵煮熟。

3　淋上味醂、醬油，加上昆布高湯。

4　將紫薯泥裝進擠花袋。

5　擠到烏龍麵上。

6　撒上少許迷迭香葉便大功告成。

宮保皮蛋

皮蛋是由新鮮鴨蛋，放入獨門浸料 30 到 45 天熟成，鴨蛋內部的蛋清凝結為膠凍狀，由透明液態變成半透明黑色固態，拿出來到陰涼處自然風乾而成。「涼拌皮蛋豆腐」是很常見的小菜，而作為主菜，我推薦「宮保皮蛋」。

皮蛋的口味濃郁，適合重口味烹調，「宮保皮蛋」嘗起來辛香味十足，相當下飯。需要注意的是，皮蛋要先蒸過，再裹粉下鍋油炸，才不容易糊掉，保持蛋型完整，口感也更 Q 彈，容易沾裹宮保醬汁。「宮保皮蛋」作為蔬食料理，滿足口味比較重的朋友，葷食者也同樣吃得很滿足。

材料

皮蛋 2-3 顆
蒜頭 3 個
乾辣椒適量
花椒油少許
青蔥 2 根
蒜味花生適量
太白粉少許
醬油 1 匙
米酒 1 匙

作法

1　皮蛋蒸 5 分鐘，一顆切成 6 塊，沾太白粉先下鍋油炸。

2　蒜頭、辣椒、蔥白下鍋爆香。

3　加入炸過的皮蛋、花椒油、醬油、米酒一起炒香，再放入蔥綠大火拌炒，起鍋前，將花生放入，大功告成。

Afterword

後記

從五感喚醒到明心見性，
帶著使命而來的「豐哥傳奇」

美食天王 陳鴻

　　我跟豐哥的互動，在近年來年資稍長，晉升為半百頑童（我形容這是更年期前的後青春期，從好強的「處女座」到可以「隨便坐座」），中年轉性後，因緣際會玩在一起，除了一起工作，彼此相知相惜，一切妙不可言。走遍千山萬水後，知道了，懂得欣賞有才華的人，能蒐集成為後天的親人，才是人生最大的財富。

　　受母親是道親的影響，我住在尼姑庵有三十多年的時間，很多茹素朋友，受宗教影響，限五葷、清口，發心吃素，相信冤親債主立馬能化解一半；放生是無畏布施，佛告訴我們，健康是無畏布施的果報，「吃飯」變成一件嚴肅的功夫。直到二十年前，我在新加坡的荷蘭村，見識到地中海蔬食主義和奧修養生素食，強調食材溯源和香料的多元，兼顧美味的養生概念，才慢慢了解，不吃肉也可以很享受。簡單卻不簡單，擺脫像苦行僧一樣地吃素的生活態度。

　　《豐蔬食》妙筆緣來，豐哥走過五彩繽紛的娛樂界，文創產業的 CEO，人生歷經像霧像雨又像風，走到見山又是山的高度。一路走來記憶味道，學習如何放慢速度；學習親手做的美味，享受慢活樂活。以此，如何改變更多人，如何讓心情快速變好的撇步，他用食譜來寫故事，如同當代菜根譚的生命智慧。

　　我跟豐哥都是從傳統媒體發展到自媒體，走過路過，瀟灑走一回消費名牌、假鬼假怪的年代，過極簡生活才開始斷捨離，無非就是明心見性。有一種魄力，叫做韌性；有一種態度，叫做堅持。提供更多的選擇，給不是吃素的人也可以起心動念。

　　豐哥茹素超過二十年的定性，養成返樸歸真的習慣，戒中入靜，靜中生定，定中得慧，蔬食讓我們懂得順天時而為。一蔬一世界，食材源自大地恩典，學習親近大自然接地氣而活，懂得分享喜悅，人和美而樂，形成一個良善的循環，藉著豐哥

的品味生活美學，以非刻意的形式，非教條戒律，推廣給更多的年輕人。豐哥是天生的意見領袖，不同於一般人的個人魅力，彷若佛法的生活法，成為一種顯學，值得受人尊敬。

豐哥在我的印象中，典型的雅痞文青，如果生在三〇年代，上海人口中的「老克勒」就是這樣，所有的美好難逃他火眼金睛。他前衛理想，也不忘保持好人緣。同樣人見人愛、花見花開的我，覺得豐哥是此生難得的朋友。他在浮躁的生活節奏中，也能活得時尚、品味與優雅。

《豐蔬食》不僅僅是帶路美食地圖，值得更多沙文主義直男癌患者關注，有助於改善健康、提升身心靈高度，眾生回歸平等，是一本經典學習教材，透過吃食，豐儉由人，食物因為有了故事，才感受到真正的療癒。感謝大家的支持，更感謝上天派來的有心使者，改變大家對吃素的價值觀。

法國女人只吃食物，不吃加工食品，活一輩子優雅老去。正確吃素的觀念讓食事不會變嚴肅，「匠心獨俱」的手藝需要時間沉澱，區隔連鎖店食品價值。普羅大眾對技職、職人教育重視，廚藝變成一種理想抱負，年輕人首選的服務產業之一，加上寶島台灣受米其林的加持，可說創意不斷，驚喜連連。

我的新加坡朋友都說，最喜歡來台灣的 100 個理由，其中能吃到千變萬化的「蔬食」是很重要的因素。南法普羅旺斯的友善農學，用產地即是餐桌的概念，打造在地新鮮，藝術的儀式感。後疫情時代來臨，我們相對重視食安問題，明白「不上火的生活」才是最重要的生活態度，感謝豐哥與時俱進，在這個時間點推出《豐蔬食》，打造一個屬於台灣美食的新食尚。

素食到蔬食，蔬食到素食

快樂哲人 熊仁謙

　　田老師這本《豐蔬食》是我期待已久的大作，早在聽說他要寫這本書時，我一來感到非常期待、一方面又很敬佩他的理念。

　　我是個胎裡素者，意指我從出生到現在從來沒有吃過魚肉，從小吃素是因為宗教信仰的原因，長大之後自然養成這個習慣，也就再也沒有吃肉的意圖了。

　　然而，小時候不覺得，長大之後卻發現，吃素是一件很困難的事情！主要原因在於，雖然台灣是世界上吃素最方便的國度之一，但是每次要跟朋友吃飯、或是要與人聚會談事時，自己的吃素習慣往往變成一個不嚴重、但是大家會有點小尷尬的點。

　　追根究底，或許是因為大家對「素食」的既定印象有點刻板，這倒也是事實！我自己成長的過程中，往往吃到的素食料理都是很傳統的小吃、不然就是餐點風格很一致、一進到餐廳就會有種「素」味的地方。這也導致，每次只要跟朋友或是同事相約，提到我必須吃素食，他們都會露出些許難為情的語氣和反應。

　　當然，近幾年台灣吃素人口蓬勃發展，所以很多餐廳也都會提供「素食餐」，因此就算去一般餐廳與朋友進餐，也非常方便；然而，總覺得少有美中不足：素食，就只能這樣嗎？

　　所幸近幾年來，台灣出現越來越多「蔬食」餐廳：有別於傳統吃素者大多是因為宗教或祈福才吃素，蔬食更是在多元文化、包括印度瑜伽和西方環保意識的推動下，越來越顯眼的主流。

　　我自己也漸漸會帶一些朋友去蔬食餐廳用餐，現代蔬食餐點之多元和豐富，幾乎已經可以說完全沒有「素」的影子在裡面了；有時候我甚至會故意在事前不強調該餐廳只提供蔬食，而是到了現場點完餐、大家一起吃飯後，讓朋友們自己發現，大家對於台灣蔬食文化能如此多元和活潑，都非常訝異！

當然，我不覺得每個人都必須吃素、每個人偶爾選擇蔬食的原因也勢必非常多元；但是，不論是從宗教信仰的角度、地球環保的角度、或是個人健康的角度，偶爾選擇吃一天的蔬食，對我們實在是利益頗多：它對於我們的生理、心理與外在環境，都有許多的正面效應。

　　因此，此書的出版，不但對於本來就喜愛蔬食者來說非常有益（我自己就迫不及待要把上面提到的餐廳都去一次，每道菜都做一次了！），也非常適合飲食習慣一般的朋友閱讀：對我來說，蔬食就像探險一樣，每每吃到不同文化激盪中所醞釀出的美食，或是和平常習慣一般飲食模式的朋友討論同一道菜，在蔬食的做法跟在葷食的做法有什麼差異，這些過程都是非常有趣的！

豐蔬食

超過 200 道你不知道的人氣蔬食料理推薦！

作　　　者	田定豐、廖宏杰
攝　　　影	田定豐
攝 影 協 助	項俊仁
責 任 編 輯	賴曉玲
版　　　權	黃淑敏、翁靜如、吳亭儀
行 銷 業 務	王瑜、周佑潔
總 編 輯	徐藍萍
總 經 理	彭之琬
事業群總經理	黃淑貞
發 行 人	何飛鵬
法 律 顧 問	元禾法律事務所　王子文律師
出　　　版	商周出版

　　　　　　地址：台北市中山區 104 民生東路二段 141 號 9 樓
　　　　　　電話：(02) 2500-7008　傳真：(02)2500-7759
　　　　　　E-mail：bwp.service@cite.com.tw

發　　　行　英屬蓋曼群島商家庭傳媒股份有限公司城邦分公司
　　　　　　台北市中山區 104 民生東路二段 141 號 2 樓
　　　　　　書虫客服服務專線：02-2500-7718、02-2500-7719
　　　　　　24 小時傳真服務：02-2500-1990、02-2500-1991
　　　　　　服務時間：週一至週五 09:30-12:00、13:30-17:00
　　　　　　郵撥帳號：19863813　戶名：書虫股份有限公司
　　　　　　讀者服務信箱：service@readingclub.com.tw
　　　　　　城邦讀書花園：www.cite.com.tw

香 港 發 行 所　城邦（香港）出版集團有限公司
　　　　　　香港灣仔駱克道 193 號東超商業中心 1 樓
　　　　　　E-mail：hkcite@biznetvigator.com
　　　　　　電話：（852）25086231　傳真：（852）25789337

馬 新 發 行 所　城邦 (馬新) 出版集團
　　　　　　Cité (M) Sdn. Bhd.
　　　　　　41, Jalan Radin Anum, Bandar Baru Sri Petaling,
　　　　　　57000 Kuala Lumpur, Malaysia
　　　　　　電話：（603）9057-8822　傳真：（603）9057-6622

行 銷 統 籌	豐和日麗＆混種時代
行　　　銷	周駿益、許中瑋、李雨軒、戴淞宇、王彥浩
行 政 協 力	牟曉輝
設 計 排 版	大象設計
印　　　刷	卡樂製版印刷事業有限公司
總 經 銷	聯合發行股份有限公司

　　　　　　新北市 231 新店區寶橋路 235 巷 6 弄 6 號 2 樓
　　　　　　電話：（02）2917-8022
　　　　　　傳真：（02）2911-0053

2020 年 07 月 30 日初版　　　Printed in Taiwan
定　　　價　450 元
I S B N　978-986-477-858-4

特 別 感 謝　陳鴻、羅卓仁謙、王泰隆、項俊仁、邱繼勤

國家圖書館出版品預行編目 (CIP) 資料

豐蔬食：超過 200 道你不知道的人氣蔬食料理推薦！
　／田定豐，廖宏杰著──初版──
臺北市：商周出版：家庭傳媒城邦分公司發行，
　2020.07　240 面：17x22 公分
ISBN 978-986-477-858-4（平裝）

1. 餐飲業 2. 素食 3. 蔬菜食譜　　483.8 109007827